高职高专计算机任务驱动模式教材

C语言
程序设计

陈道喜／编著

清华大学出版社
北京

内 容 简 介

C语言是常用程序设计语言之一。本书介绍C语言程序设计基础知识、基本结构和核心知识,以及基本数据结构的C语言实现。本书内容的选取、编写和组织等都以程序设计和数据结构基本技能考核点为中心,在掌握C语言程序设计的基础上,融合对基本数据结构的处理,从而提升编程技能,解决实际问题。本书是按照由浅入深的思路进行编写的,在比较灵活的指针部分,部分例题配上图示分析,化难为易。本书提供了丰富的操作案例,均在Visual Studio下测试通过。基本理论和上机实践融于一体,可帮助读者轻松地将本书的所有程序在Visual Studio软件中调试和运行,以便加深对知识的理解。每章都有案例,并配有详细的代码注释、技巧点、重点知识点,同时,提供了丰富的练习素材等,方便读者预习和自学。

本书可作为应用型本科院校计算机专业的程序设计教材,也可作为高等职业和中等职业院校信息工程、电子技术、机械工程或电气工程等相关专业程序设计类基础课程的教材,还可作为C语言自学人员的参考资料。

本书封面贴有清华大学出版社防伪标签,无标签者不得销售。
版权所有,侵权必究。举报: 010-62782989, beiqinquan@tup.tsinghua.edu.cn。

图书在版编目(CIP)数据

C语言程序设计/陈道喜编著. —北京: 清华大学出版社,2022.6(2024.8重印)
高职高专计算机任务驱动模式教材
ISBN 978-7-302-60587-4

Ⅰ.①C… Ⅱ.①陈… Ⅲ.①C语言-程序设计-高等职业教育-教材 Ⅳ.①TP312.8

中国版本图书馆CIP数据核字(2022)第064560号

责任编辑: 张龙卿
封面设计: 范春燕
责任校对: 刘 静
责任印制: 宋 林

出版发行: 清华大学出版社
网 址: https://www.tup.com.cn, https://www.wqxuetang.com
地 址: 北京清华大学学研大厦A座 邮 编: 100084
社 总 机: 010-83470000 邮 购: 010-62786544
投稿与读者服务: 010-62776969, c-service@tup.tsinghua.edu.cn
质量反馈: 010-62772015, zhiliang@tup.tsinghua.edu.cn
课件下载: https://www.tup.com.cn, 010-83470410

印 装 者: 三河市铭诚印务有限公司
经 销: 全国新华书店
开 本: 185mm×260mm 印 张: 16 字 数: 385千字
版 次: 2022年6月第1版 印 次: 2024年8月第4次印刷
定 价: 49.00元

产品编号: 095577-01

前　言

习近平总书记在党的二十大报告中指出：教育、科技、人才是全面建设社会主义现代化国家的基础性、战略性支撑；必须坚持科技是第一生产力、人才是第一资源、创新是第一动力；深入实施科教兴国战略、人才强国战略、创新驱动发展战略，这三大战略共同服务于创新型国家的建设。

C语言是现今应用广泛的程序设计语言之一，与Java、Python、C++一起引领整个程序设计类语言。C语言提供了丰富的数据结构，可以实现复杂的算法，是嵌入式开发工程师必学的程序设计语言。C语言程序设计是计算机专业基础课的核心课程，很多学生都要学习。C语言程序设计可作为程序设计思想的启蒙课，成为学习其他语言程序设计思想的最好阶梯，为后续提升程序设计技能奠定基础。

本书以Windows和Visual Studio为平台。本书主要特点如下。①把C语言的基础知识和数据结构的C语言实现融为一体。在掌握C语言的基础知识后，理论联系实际，用C语言来处理数据结构中常用的栈、排序、查找等问题。②体现"教、学、做"一体化的教学理念和实践特点。以学到实用技能及提高职业能力为出发点，在案例教学的过程，关注程序设计思维方式的培养，注重提高学生程序设计的能力。以"做"为中心，"教"和"学"都围绕"做"展开，在学中做，在做中学，从而完成知识学习、技能训练和提高职业素养的教学目标。理论教学环节推行层次化教学，实践教学环节注重知识向技能的转化。③课程学习与计算机技能考证相结合。适应全国计算机二级等级考试C语言的大纲要求，学生学习完本课程后，可参加全国计算机二级等级考试。④以"课程思政"为契合点，增强教学的育人功效。专业课教师融入思想政治教育，将思想政治教育的要素融入教书育人方案之中。在每章的"技能基础"中，提出适合本章的思政教育理念，提升学生的思想政治觉悟。将价值塑造、知识传授和能力培养三者融为一体，培育精益求精的工匠精神。

本书共18章，前12章介绍C语言程序设计的入门知识和技能。第1章介绍安装Visual Studio 2019；第2、第3章介绍C语言的数据类型等基础知识；第4~6章分别介绍程序设计基本结构，包括顺序结构、选择结构、循环结构；第7~10章介绍C语言核心知识，包括数组、函数、指针、结构体和共用体；第11、第12章介绍文件和预处理。后6章是精通C语言程序设计的必由之路，第13~18章是数据结构的C语言实现，包括顺序表、单链表、二叉树、图、折半查找、排序等。为了能更好地学习本书,建议先学习前12章内容,有一定程序设计基本知识后,再学习第13～18章的内容,这样可做到从基础到实践,从入门到精通。建议在 Visual Studio 等软件环境下勤于上机实践练习,多看、多学课外的学习资源,可以更有效地掌握重点和难点,从而快速提升程序开发技能。

由于编著者水平有限,书中错误或疏漏之处在所难免,恳请广大读者批评指正。

编著者

2023 年 1 月

目 录

第 1 章 安装 Visual Studio 2019 1
- 1.1 下载与安装 Visual Studio 2019 1
- 1.2 Visual C++ 6.0 的使用方法 5
- 1.3 C-Free 的使用方法 7
- 1.4 DEV-C++ 的使用方法 9
- 1.5 Visual Studio 2019 窗口布局 10
- 1.6 Visual Studio 2019 快捷键 11
- 1.7 Visual Studio 2019 使用技巧 12
- 习题 15

第 2 章 第一个 C 程序 17
- 2.1 C 语言的作用、地位与特点 17
- 2.2 C 语言的历史 18
- 2.3 学习 C 语言的方法和建议 18
- 2.4 第一个 C 程序——HelloWorld 19
- 2.5 C 语言程序开发过程 23
- 2.6 调试程序 26
- 2.7 C 语言的字符集和词汇 28
- 2.8 C 与 C++ 29
- 习题 29

第 3 章 数据类型和表达式 31
- 3.1 数据类型概述 31
- 3.2 基本数据类型 33
- 3.3 整型常量 34
- 3.4 浮点型常量 35
- 3.5 字符型常量及转义字符 38
- 3.6 字符串常量 39
- 3.7 符号常量 39
- 3.8 变量 40
- 3.9 常用运算符及表达式 42

3.10 数据类型转换	49
3.11 数据的输入与输出	50
习题	52

第 4 章 顺序结构 ····· 56

4.1 温度转换	56
4.2 计算存款利息	57
习题	59

第 5 章 选择结构 ····· 62

5.1 用 if 与 else 求一元二次方程的根	64
5.2 用 if 与 else 判断闰年	68
5.3 用 rand 猜数字	71
5.4 用 switch 选择天数	73
习题	75

第 6 章 循环结构 ····· 79

6.1 用 for 打印水仙花数	81
6.2 用 while 逆序输出整数	82
6.3 用双重循环打印素数	84
6.4 用 if 与 while 求最大公约数和最小公倍数	85
6.5 break 和 continue	87
习题	87

第 7 章 数组 ····· 94

7.1 一维数组	94
7.2 二维数组	97
7.3 字符数组	99
习题	104

第 8 章 函数 ····· 110

8.1 函数调用	112
8.2 变量的作用域和生存期	114
8.3 变量的存储类别	116
8.4 指针型函数	119
8.5 函数型指针	123
习题	125

第9章 指针 — 129

- 9.1 指针概述 — 129
- 9.2 指针形参 — 136
- 9.3 通过指针访问数组 — 137
- 9.4 通过指针访问字符串 — 141
- 9.5 动态一维数组 — 144
- 习题 — 145

第10章 结构体和共用体 — 150

- 10.1 结构体 — 151
- 10.2 共用体 — 157
- 习题 — 158

第11章 文件 — 161

- 11.1 文件的打开与关闭 — 162
- 11.2 多文件的组织结构 — 165
- 习题 — 166

第12章 预处理 — 168

- 12.1 宏定义 — 168
- 12.2 含有特殊符号的宏定义 — 169
- 12.3 条件编译 — 170
- 习题 — 172

第13章 顺序表 — 176

- 13.1 顺序表概述 — 176
- 13.2 顺序表的 typedef — 177
- 13.3 顺序表的操作 — 178
- 习题 — 184

第14章 单链表 — 185

- 14.1 单链表概述 — 185
- 14.2 单链表的 typedef — 186
- 14.3 单链表的操作 — 187
- 习题 — 193

第15章 二叉树 — 199

- 15.1 二叉树的 typedef — 199

  15.2 二叉树的操作 ·································· 200
  习题 ·· 209

第 16 章 图 ·· 210
  16.1 图概述 ······································ 210
  16.2 图的 typedef ······························ 211
  16.3 图的操作 ··································· 212
  习题 ·· 223

第 17 章 折半查找 ····································· 225
  17.1 折半查找概述 ····························· 225
  17.2 折半查找的实现 ·························· 226
  17.3 折半查找的性能分析 ··················· 228
  习题 ·· 229

第 18 章 排序 ·· 230
  18.1 直接插入排序 ····························· 230
  18.2 冒泡排序 ··································· 231
  18.3 快速排序 ··································· 234
  18.4 简单选择排序 ····························· 237
  习题 ·· 239

附录 A C 语言中的关键字 ························ 241

附录 B 常用字符与 ASCII 码对照表 ············ 243

附录 C 运算符和结合性 ···························· 244

参考文献 ·· 246

第 1 章　安装 Visual Studio 2019

学习目标
- 了解 C 语言的各种开发环境。
- 掌握下载和安装 C 语言的开发环境。
- 掌握 Visual Studio 集成环境的布局。
- 掌握 Visual Studio 的常用使用技巧。

技能基础

本章首先介绍在 Windows 系统中安装 Visual Studio 2019 开发环境,让读者对开发环境有一个大致的了解;其次介绍其他常用 C 语言的开发环境,比如 Visual C++ 等;再次介绍 Visual Studio 2019 窗口布局,给读者体验编程的环境,并设置个性化的开发环境,比如设置快捷键等,"磨刀不误砍柴工";最后给出 Visual Studio 2019 的使用技巧。Visual Studio 开发运行环境非常重要,"工欲善其事,必先利其器",C 语言入门者应尽快熟练使用这个常用的编程工具。

Visual Studio 2019 是目前被广泛使用的可视化 C++ 编程工具,同时也是良好的 C 语言编程工具。

1.1　下载与安装 Visual Studio 2019

在 Windows 系统中安装 Visual Studio 2019(以后简称 VS2019)。VS2019 分为社区版(Community)、专业版(Professional)和企业版(Enterprise),下面以安装社区版 Community 2019 为例进行说明。安装步骤如下。

(1) 百度搜索 Visual Studio,找到链接 https://visualstudio.microsoft.com/zh-hans/ 并打开,在网页中找到 Visual Studio,选择 Community 2019 链接,即可下载,得到一个大小约为 1.19MB 的下载安装包 vs_community。双击安装包,在弹出的 Visual Studio Installer 对话框中单击"继续"按钮,结果如图 1-1 所示。

(2) 在该对话框中找到 Visual Studio Community 2019,单击"安装"按钮,显示"正在安装-Visual Studio Community 2019-16.10.2"界面,如图 1-2 所示,勾选"使用 C++ 的桌面开发"选项,根据实际需要更改安装路径。可以边下载边安装,也可以全部下载完成后再安装。

(3) 单击"安装"按钮后,开始联网下载,如图 1-3 所示。

(4) 下载完成后会自动安装。在"登录 Visual Studio"界面中单击"以后再说"链接,然

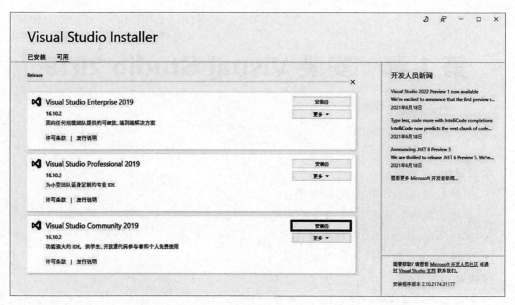

图 1-1　Visual Studio Installer 对话框

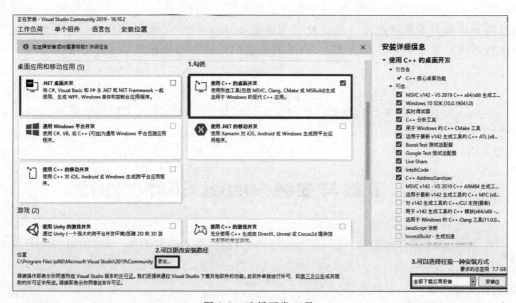

图 1-2　选择开发工具

后打开启动 Visual Studio 的界面如图 1-4 所示。

✎笔记：

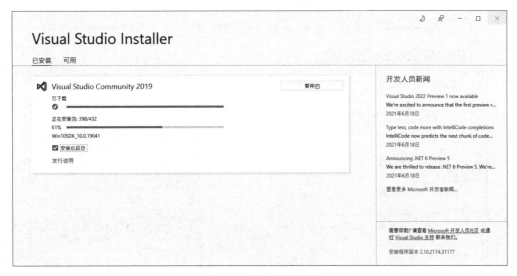

图 1-3　下载安装程序

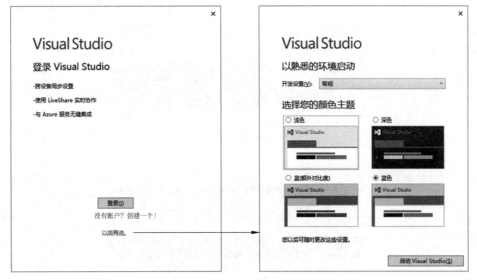

图 1-4　启动 Visual Studio 的界面

（5）颜色主题默认为蓝色，可根据自己的使用习惯选择其他颜色，以后也可以更改。在图 1-4 中单击"启动 Visual Studio"按钮，可以看到 VS2019 已经启动成功，显示如图 1-5 所示的界面，就可以创建新项目了。

技巧　C 语言的编译与运行除了使用 VS2019 之外，通常还可以使用 Visual C++ 6.0、C-Free、DEV-C++、Turbo C 等，如图 1-6 所示。

笔记：

图 1-5 创建新项目

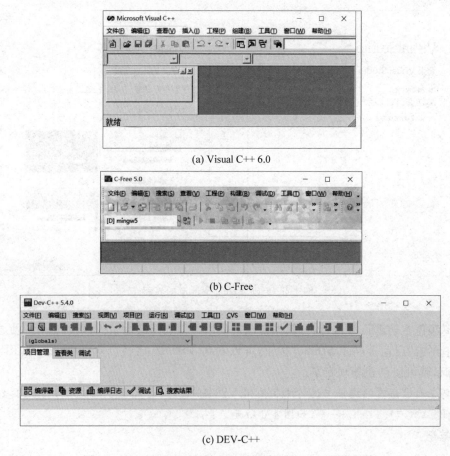

图 1-6 Visual C++ 6.0 和 C-Free 以及 DEV-C++ 开发环境

1.2　Visual C++ 6.0 的使用方法

（1）启动 Visual C++ 6.0，如图 1-7 所示，把"每日提示"对话框关闭。

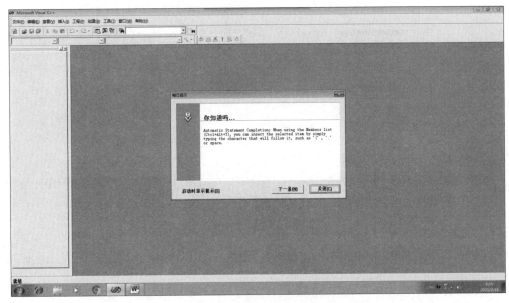

图 1-7　启动 Visual C++ 6.0

（2）选择"文件"→"新建"命令，在弹出的对话框中选择"工程"选项卡，显示如图 1-8 所示的界面，再选择"Win32 Console Application"命令。在右侧的"位置"选项处单击 ![] 按钮，

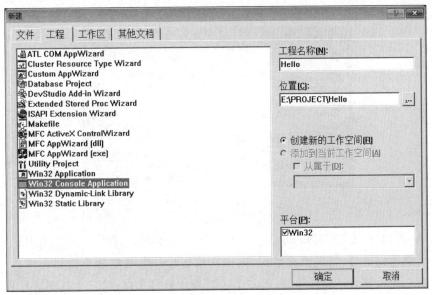

图 1-8　创建 Win32 控制台应用程序

一般选择 D 盘或 E 盘中自己新建的项目文件夹,比如 E:\PROJECT,再在工程名称中输入 Hello,工程名称可根据自己的项目来取名,单击"确定"按钮。

(3) 在弹出的如图 1-9 所示的对话框中选择"一个空工程"单选按钮,单击"完成"按钮。最后会弹出新建工程信息提示框,单击"确定"按钮。

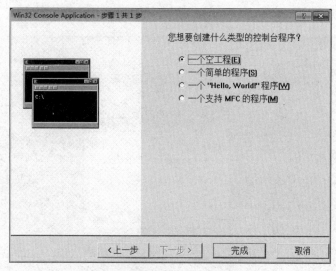

图 1-9　选择控制台程序的类型

✎笔记：
_____
_____

(4) 单击工具栏第一个"新建文本文件"按钮 ,再单击"保存"按钮 ,显示如图 1-10 所示的对话框。

图 1-10　保存 C 文件

文件名可以自己取,比如 helloworld.c,但是要以.c 结尾。接下来,可以在代码窗口中编写代码了。编写完成后,如果没有错误,则依次单击 的前两个按钮和最后一个感叹号按钮。第一个按钮表示编译程序;第二个按钮表示链接文件;第三个按钮表示停止编译;最后一个感叹号按钮表示可以运行程序了。

1.3 C-Free 的使用方法

(1) 打开 C-Free,显示如图 1-11 所示的界面。

图 1-11 打开 C-Free

(2) 在图 1-11 中单击"新建工程"按钮,弹出图 1-12 所示的对话框。

图 1-12 "新建工程"对话框

✎笔记:

(3)"工程类型"选择"控制台程序",在"工程名称"文本框中输入 Hello;"保存位置"根据实际情况设置,比如为"D:\Project\C\Hello",一般先填写"保存位置"文本框的内容,后填写"工程名称"文本框的内容。单击"确定"按钮,弹出如图 1-13 所示的界面。

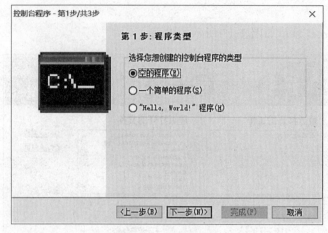

图 1-13　程序类型

(4)默认选择"空的程序"单选按钮,单击"下一步"按钮,显示如图 1-14 所示的界面。

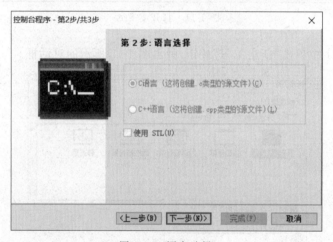

图 1-14　语言选择

(5)单击"下一步"按钮,显示如图 1-15 所示的界面。

(6)单击"完成"按钮,再单击工具栏的第一个按钮 ,创建一个新的代码文件,在代码编辑窗口输入以下代码。

```
#include <stdio.h>
int main()
{
    printf("Hello C-Free\n");
    return 0;
}
```

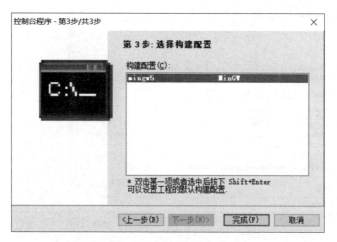

图 1-15　选择构建配置

（7）单击工具栏中的"保存"按钮![]，输入文件名为 hello.c，弹出如图 1-16 的对话框。选择 Source Files 文件夹，单击"确定"按钮。

图 1-16　选择文件夹

（8）按 F5 键运行程序即可。

1.4　DEV-C++ 的使用方法

（1）打开 DEV-C++，选择"文件"→"新建"→"项目"命令，弹出如图 1-17 所示的"新项目"对话框。

（2）选择 Console Application 选项，在名称文本框中输入 Hello，选择"C 项目"单选按钮，单击"确定"按钮，保存位置比如为"D:\Project\C\Hello"，名称比如为 Hello.dev。软件会自动在目录下创建一个 hello.c 文件，并且已经写好的代码如下。

```
#include <stdio.h>
#include <stdlib.h>
```

```
int main(int argc, char * argv[]) {
    return 0;
}
```

图 1-17　新建项目

所以 DEV-C++ 软件使用起来也比较方便。

还有其他软件也可以编辑、编译、运行 C 语言。可以根据实际情况，自己选择其中一到两种进行实践操作。

用什么开发环境并不是特别重要，更加重要的是要勤学苦练，德、智、体、美、劳全面发展，爱国爱家；遇到困难时，先主动解决，再逐步创新；拓宽自己的视野，使自己成为能担当民族大任的卓越英才。

1.5　Visual Studio 2019 窗口布局

Visual Studio 2019 窗口布局如图 1-18 所示。

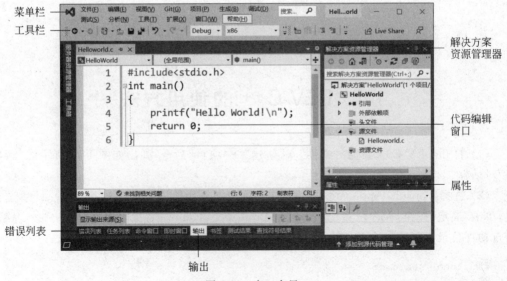

图 1-18　窗口布局

1.6　Visual Studio 2019 快捷键

编辑和运行程序时经常要使用快捷键,那么如何更改快捷键?用其他编辑器时,如 VS Code、PyCharm,可以用 Ctrl+/组合键来注释,用 Ctrl+Shift+/组合键取消注释。但 Visual Studio 默认的快捷键是先按 Ctrl+K 组合键,然后按 Ctrl+C 组合键注释;取消注释也很麻烦,先按 Ctrl+K 组合键,然后按 Ctrl+U 组合键。要更改快捷键,以便符合用户的使用习惯,可用以下方法。

选择"工具"→"选项"命令,在打开的窗口中搜索"键盘",单击图 1-19 左侧的"键盘"按钮,然后在右侧小窗中搜索"注释",会看到很多选项。选择每一个选项,然后在下方单击"移除"按钮来移除快捷键。

🖉笔记：
_____
_____
_____

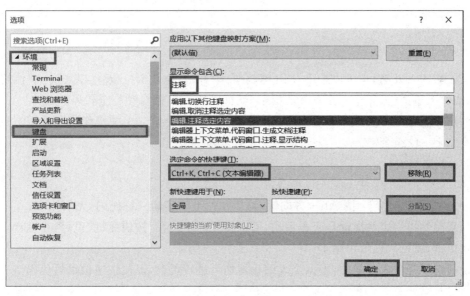

图 1-19　选项设置

一定要单击"移除"按钮来移除快捷键,以防止快捷键互相干扰。单击下方的"按快捷键"输入框,在键盘上同时按下 Ctrl+/组合键,单击"分配"按钮,再单击"确定"按钮即可。

按照上面的方法,重新设置取消注释的快捷键。选择"编辑.取消注释选定内容"命令,单击下方的"按快捷键"输入框,在键盘上同时按下 Ctrl+Shift+/组合键,就会发现输入框中出现了 Ctrl+Shift+/组合键,单击"分配"按钮,再单击"确定"按钮,就完成了 Ctrl+Shift+/组合键的设置。

设置快捷键与更改快捷键操作是类似的,根据用户自己的使用习惯,可完成快捷键的设置。

在 VS2019 中编辑 C 语言代码,在输入♯in 后,光标处会有提示,这时按下 Tab 键,会自动补全代码,成为♯include。继续输入,当后方的提示有蓝色底纹的时候而且确认内容就是 stdio.h,可以直接按 Tab 键,代码变为♯include＜stdio.h＞。

常用快捷键说明如下。

(1) 运行程序:按 F5 键。准确地说,按 F5 键是开始调试。如果不调试而直接运行,可以按 Ctrl＋F5 组合键。

(2) 代码格式化:按 Ctrl＋K 组合键和 Ctrl＋D 组合键可自动对齐代码,这样比较美观,可读性较强。可以修改这个快捷键。

(3) 注释代码:按 Ctrl＋/组合键。默认是 Ctrl＋E＋C 组合键,修改过的 Ctrl＋/组合键与 Android Studio 软件快捷键相同。

(4) 取消注释代码:按 Ctrl＋Shift＋/组合键。默认是 Ctrl＋E＋U 组合键,修改过的 Ctrl＋Shift＋/组合键与 Android Studio 软件快捷键相同。

(5) 代码联想快捷键:按 Tab 键可快速补全代码。

例如,当输入 while 后,再按下 Tab 键,就会生成如下代码:

```
while (true)    //这里的 true 是处于被选中状态,可以直接修改。
{
    ...
}
```

又如当输入 if 时,也可以按下 Tab 键,会自动补全,生成 if(true){}形式。其他情况也类似,当输入单词后,光标下面有方框提示,就可以按 Tab 键自动补全代码。

(6) 折叠或者展开当前区域(函数):按 Ctrl＋M 组合键。相关操作可配合 Ctrl＋X 组合键及 Ctrl＋O 组合键。

(7) 删除当前行:按 Ctrl＋Shift＋L 组合键。

(8) 复制当前行:按 Ctrl＋D 组合键。

(9) 移动一行代码:按 Alt＋方向键,可以快速上下移动一行代码,无须选中。

如果想知道一个快捷键是否被占用,可以将光标定位在"按快捷键"里,再在键盘上直接按下快捷键,就可以显示用途了。

快捷键不是一成不变的,根据个人编程习惯可进行更改,以便快速地编辑代码。

1.7　Visual Studio 2019 使用技巧

(1) 设置"颜色主题":选择"工具"→"选项"命令,弹出"选项"对话框,在对话框左侧单击"环境"→"常规"选项,在右侧的窗格中可以设置"颜色主题"。默认是"蓝色",可选"白色""浅色""深色"等。选择其中一个,再单击"确认"按钮。

(2) 设置字体和字号:选择"工具"→"选项"命令,弹出"选项"对话框,单击"搜索选项"

文本框,输入"字体"后,然后按 Enter 键,就会出现"字体和颜色"选项。单击该选项,在右侧将字体可设为 Consolas,大小可设为 18,单击"确定"按钮。如果显示器分辨率特别高,字体大小可以设为 24。

(3)设置行号:选择"工具"→"选项"命令,弹出"选项"对话框,在左侧的列表中找到"文本编辑器"选项并单击,展开"文本编辑器",找到子选项"C/C++",在右侧选中"行号"复选框,单击"确定"按钮。成功设置之后,在编辑程序时,可以看到每一行代码前可以显示行号。

(4)设置自动换行:选择"工具"→"选项"命令,弹出"选项"对话框,在左侧的列表中找到"文本编辑器"选项并展开"文本编辑器",找到子选项"C/C++",在右侧选中"自动换行"复选框,单击"确定"按钮。设置成功之后,可以看到在需要换行的后面有一个小箭头,页面下方就没有向右的滚动条了。

(5)复制项目:在 VS2019 资源管理器中看到的文件夹并不是 Windows 里面的文件夹,在 VS2019 里复制文件时,经常复制一个链接,修改的是原文件。如果想把 Windows 里面的文件夹复制到项目里,最好的方式是在 Windows 下进行文件夹复制及粘贴操作,再到 VS2019 中加载或者添加项目。而不是直接到项目中粘贴,因为这可能只是一个链接,修改的是 Windows 中原来位置的文件。如果原文件被移动或者删除,则会造成项目加载不正确,无法运行。总之一句话:复制文件请到 Windows 下进行。

(6)更改软件版本错误:如果出现早期版本的错误,显示的错误如图 1-20 所示,原因在于这是 VS2010 生成的项目。

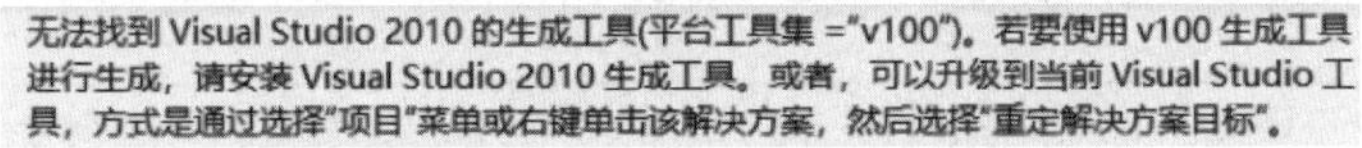

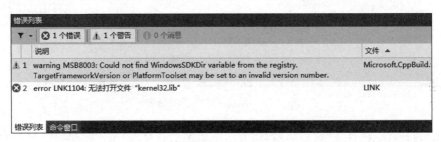

图 1-20　错误提示

此时需要在项目属性中进行设置。右击项目名,比如为 HelloWorld,在弹出的菜单中选择"属性"命令,在左侧选择"配置属性"→"常规"命令,找到右侧"平台工具集"选项并单击,选择新版本 Visual Studio 2019,最后单击"确定"按钮。

(7)设置默认启动项目:在 VS2019 中如果资源管理器有多个项目,右击项目名,在弹出的菜单中选择"设为启动项目"命令,则运行时就是此项目,项目名会自动加粗、加黑。

(8)解决 Windows SDK 错误:如果在 Visual Studio 中编写程序时出现错误,显示的界面如图 1-21 所示,叉子位置显示"无法打开文件"kernel32.lib""的错误。

图 1-21　错误列表

此时可在菜单中选择"项目"→"属性"命令,显示如图 1-22 所示的界面。

图 1-22　项目属性

修改上述的"可执行文件目录"和"库目录"选项,显示如图 1-23 所示的界面。

✎笔记:

图 1-23　设置 VC++ 目录属性

单击"可执行文件目录"后面的路径,有一个下拉三角号,再单击 ... 按钮,显示如图 1-24 所示的界面。

在图 1-24 中,依次单击图示的两个按钮,可执行文件目录选择文件夹的路径为 C:\

图 1-24 设置可执行文件目录

Program Files（x86）\Microsoft SDKs\Windows\v7.1A\Bin，库文件夹的路径为 C：\Program Files（x86）\Microsoft SDKs\Windows\v7.1A\Lib，最后单击"确定"按钮与"应用"按钮。再次运行程序，发现可以正常运行了。如果程序运行后一闪而过，可以在程序结束前加上"getchar()；"语句。

习 题

1. 选择题

（1）在 C 语言中单行注释使用（   ）。

  A. //　　　　　　　B. /* …… */　　　　　　C. '　　　　　　D. "

（2）用 8 位无符号二进制数能表示的最大十进制数为（   ）。

  A. 127　　　　　　B. 128　　　　　　C. 255　　　　　　D. 256

2. 简答题

（1）写出 5 个 VS2019 常用的快捷键及其功能。

（2）说明在 C 语言中注释的作用及常用的注释方法。

3. 程序设计题

（1）下载并安装 VS2019 或更高版本。

（2）设置 VS2019 的颜色主题、字体和显示行号，能够自动换行等。

（3）根据自己的编程环境，查阅资料，新建 C 语言控制台项目，试着编写一个简单的 C 语言程序，输出你的姓名和年龄。

✎ 笔记：

全书习题答案

第 2 章　第一个 C 程序

学习目标
- 了解 C 语言的发展过程。
- 了解 C 语言的特点,给出学习 C 语言的方法和建议。
- 掌握 C 程序的开发过程,会编写第一个 C 语言程序。
- 掌握 C 程序的开发和调试过程。
- 了解 C 语言和 C++ 语言的区别与联系。

技能基础

本章首先介绍 C 语言的作用、地位与特点,出现的历史背景,让读者对 C 语言的发展过程有大致的了解,给出一些学习的方法和建议。"千里之行,始于足下",其次通过第一个 C 程序实例,给读者展示 C 程序的一般程序结构,以此来建立读者对 C 程序的整体印象,并由此顺理成章地总结出 C 程序的特点。"精诚所至,金石为开",最后给出 C 程序在 Visual Studio 中的调试过程,细致耐心地调试是程序设计的必由之路。

C 语言是目前最优秀的程序设计语言之一,它集高级语言和低级语言的功能于一体,既可以应用于系统软件的开发,也可以应用于应用软件的开发,同时还具有简洁、灵活、高效、可移植等特点。

2.1　C 语言的作用、地位与特点

程序员可以非常容易地利用 C 语言直接对计算机的硬件单元位、字节和地址进行操作。C 语言常用于嵌入式系统开发,通过调用库函数,对硬件进行操作。C 语言应该是当今主流程序设计语言中执行效率较高的一种。

根据最近的 TIOBE 编程语言排行榜的统计,C 语言排名第一,可以看出其热门程度。紧随其后的是 Java 和 Python,然后是 C++ 和 C♯。各种编程语言适合的场景不同,C 语言更适合嵌入式系统开发,编写应用软件,处理工业控制;也适应于系统软件、驱动开发,操作系统内核开发等领域。

C 语言是结构化语言,包含三种基本结构:顺序结构、选择结构、循环结构。C 语言是模块化的语言,每一个模块实现特定的功能,可以设计成函数或文件等,减少重复编程,提高编程效率。C 语言简洁、紧凑,使用方便、灵活。C 语言数据类型丰富,可移植性好。C 语言可生成高质量、目标代码执行效率高的程序。

2.2　C语言的历史

C语言于20世纪70年代诞生于美国的贝尔实验室(Bell Laboratory),1978年的C语言成为标准C,被广泛使用。美国国家标准化协会(American National Standards Institute,ANSI)制定了标准。1989年ANSI根据C语言各种版本,对C语言进行扩充,制定了新的标准,称为ANSI C,简称C89。C89在1990年被国际标准化组织ISO(International Organization for Standardization,ISO)一字不改地采纳,ISO官方给予的名称为ISO/IEC9899,简称C90。大多数的C语言编译系统都是以此为标准的,于是在1990年,ANSI重新采纳了ISO C标准作为新的ANSI C,因此ANSI C实际上就是ISO C。

直到1999年,在ISO C的基础上进行了修改,并加入了一些新的特性,在做了一些必要的修正和完善后,ISO发布了新的C语言标准,命名为ISO/IEC9899:1999,简称C99。但是某些公司并不支持C99。

C99标准规定无形参的main函数的声明要写为"int main(void)",且要有"return 0;"语句。C99支持在for循环中定义临时变量,如for(int i=0;i<10;i++),但是这样在Visual C++ 6.0环境中报错,原因是不支持C99,而支持C89版本,改写为"int i; for(i=0; i<10;i++)"才不会报错。

2011年12月8日,ISO又正式发布了新的标准,称为ISO/IEC9899:2011,简称为C11。这些标准有一些差异,所以在不同的平台编程时,有时会提示需要用哪些合法的语法形式。

2.3　学习C语言的方法和建议

学习一门编程语言首先要学习基本语法。C语言的基础语法包括数据类型、运算符、表达式、数组、逻辑运算、函数、指针等。开始学习时应勤阅读,多实践,阅读经典的C语言教材。一开始学习都比较浅显,但涵盖面比较广。边学语法边输入案例的代码,看着代码在计算机上运行起来可以提升成就感,这样便有了继续学习下去的动力。等有了一定基础后,可以看英文版的 *C Primer Plus*,该书更适合作为一本C语言字典使用,可以放在计算机旁边,方便随时查阅。

在编写C语言程序时,应保持良好的注释习惯,并应该多使用注释,这样有助于对代码的理解。

在C语言中有以下两种注释方式。

(1) 以/*开始、以*/结束的块注释。

(2) 以//开始、以换行符结束的单行注释。

可以使用/*和*/分隔符来标注一行内的注释,也可以标注多行的注释。在如下的注释中,写明了程序由谁在什么时候开发,技术支持是谁,函数功能是什么,参数是什么等。

```
/*
  Powered by: ssts
  Author: chendaoxi
  Date: 2022-10-20
  Func:打印
*/
#include <stdio.h>
int main()
{
    printf("C语言学习\n");              //printf要手动添加换行符"\n"
    return 0;
}
```

可以使用//插入整行的注释，或者将源代码写成两列分栏的格式，程序在左列，注释在右列：

```
const double PI = 3.1415926536;    //PI 是一个常量
```

如果使用 Windows 系统，先下载一个 Visual Studio，推荐使用 VS2019 或者更高的版本。动手编程时，所有例题与习题都要上机操作，领悟至心。教育学家陶行知曾说："行是知之始，知是行之成。"实践是知识的开始，实践出真知。阅读教材与上机实践相结合，学习起来事半功倍。熟练使用 VS2019 开发环境，可以提高编程效率。如果是 Linux 系统，可以下载一个 VMWare 虚拟机，再在虚拟机中安装 Ubuntu 等基于 Linux 内核的操作系统，然后安装编译器 gcc 和调试器 gdb 等。安装好开放环境之后，就可以输入代码了。

基本知识掌握得差不多以后，就可以真正开发小软件、小系统了。试着写个小程序，比如计算器、打字游戏、图书管理系统等。自己开发的程序会有成就感，而且在写程序的过程中，会出现各种各样的问题，这也是提高学习效率的过程，编程能力也会得到很大的提升。可以向着实际嵌入式系统开发方向发展，也可以与数据结构结合进行程序开发。

2.4　第一个 C 程序——HelloWorld

下面开始在 VS2019 环境中建立第一个 C 程序——HelloWorld。打开 VS2019，开启 C 语言程序的编程之旅。

【例题 2-1】 编写一个显示"HelloWorld!"的 C 程序。

程序的编写步骤如下。

（1）启动 VS2019，选择"创建新项目"选项，新建一个解决方案，显示的界面如图 2-1 所示。

（2）在"创建新项目"对话框中选择创建"Windows 桌面向导"选项，单击"下一步"按钮，如图 2-2 所示。

（3）在"配置新项目"对话框中选择项目的保存位置。一般将项目保存在系统盘之外的某个磁盘下，并新建一个单独的目录。在"项目名称"文本框中输入具有代表性的项目名称，

图 2-1　创建新项目

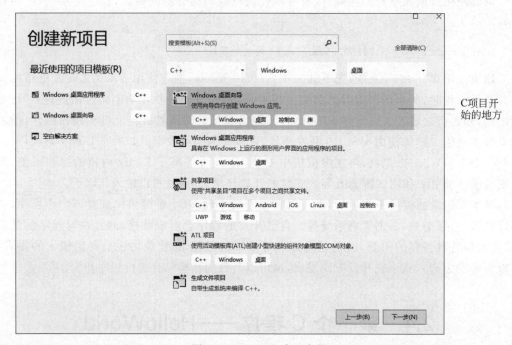

图 2-2　Windows 桌面向导

最好写成英文的名称。单击"创建"按钮，则创建一个名为 HelloWorld 的解决方案，显示如图 2-3 所示的界面。

📝笔记：

_____

_____

_____

（4）接下来显示的"Windows 桌面项目"对话框如图 2-4 所示。在"应用程序类型"下拉列表中选择"控制台应用程序(.exe)"选项，选中"空项目"复选框，单击"确定"按钮。在打开的 VS2019 窗口的右侧找到"解决方案资源管理器"，找到项目 HelloWorld 下的"源文件"文

图 2-3 配置新项目

件夹并右击,在弹出的快捷菜单中选择"添加"→"新建项"命令,显示添加新项目的对话框。

图 2-4 控制台应用程序

(5) 在该对话框中选择"C++ 文件(.cpp)"选项,在"名称"文本框中输入 Helloworld.c (注意是以".c"结尾),如图 2-5 所示。

(6) 在代码编辑窗口中输入如下代码。

```
1    #include <stdio.h>
2    void main()
3    {
```

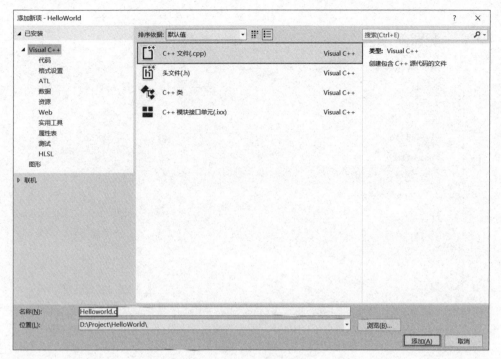

图 2-5 添加新项

```
4       printf("Hello World!\n");
5   }
```

第 1 条语句 #include <stdio.h> 表示是在程序编译之前要处理的内容,称为编译预处理命令。

提示:编译预处理命令还有很多,它们都以"#"开头,并且不用分号结尾。在这里的编译预处理命令称为文件包含命令,其作用是在编译之前把程序需要使用的关于系统定义的函数 printf() 的一些信息文件 stdio.h 包含进来。以".h"作为后缀的文件称为头文件。stdio 是 standard input & output 的缩写,即有关标准输入/输出的信息。

一般地,如果头文件用< >括起来,则表示这个头文件是属于项目头文件,常规是用来引入由 Windows 或 C 语言提供的函数库,编译器会以环境变量或命令行选项作为搜索路径。如果头文件用""括起来,则此时的头文件由程序员提供,编译器会以工作目录作为搜索路径。

第 2 条语句 main() 表示主函数,用{}括起来的部分称为函数体,函数体中每一条语句以一个分号";"结束。void 表示无返回值的函数类型。主函数的结构如下。

```
void main(int argc, char * agrv[])
{
    //程序代码
}
```

第 4 条语句 printf() 是输出函数,一般用于向超标准输出设备按规定样式输出消息。此处表示向控制台上输出"Hello World!"。"\n"是换行符,输出完成后换行。需要注意的是,C 语言代码是区分大小写的。

(7) 单击"运行"按钮(或按 Ctrl＋F5 组合键),查看错误与警告。双击显示的错误,可以跳转到错误所在行,方便修改,修改正确后才可以运行。一般地,错误可以分为两大类,一类是语法错误,在编译时,编译器会在"错误列表"窗口中显示出来;另一类是逻辑错误,在程序执行时,出现原先无法预测的结果,这些错误大部分无法被编译器检查出来。

程序运行结果如图 2-6 所示。

图 2-6 程序运行结果

至此,在 VS2019 中一个最简单的 HelloWorld 的 C 语言程序就完成了。

2.5 C 语言程序开发过程

C 语言程序开发过程如图 2-7 所示。

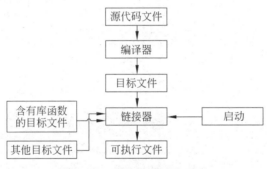

图 2-7 C 语言程序开发过程

第一步,编写源代码阶段。该阶段大多是以.c 结尾的文件,也有以.h 结尾的头文件等。这是程序设计最基础的一步,即可以实现 C 语言的源文件和可能的头文件。

第二步,编译阶段。可将编写好的代码通过编译工具转换为目标文件。通过词法分析和语法分析,在确认所有的指令都符合语法规则之后,将其翻译成等价的中间代码表示或汇编代码。编译预处理对其中的伪指令(以♯开头的指令)和特殊符号进行处理,会对文件内部及包含的头文件进行语法语义的分析检查。如果出错,则必须返回去对代码进行修改,直到没有错误为止。编译生成的目标文件一般以.obj 后缀结尾。

第三步,链接阶段。将含有库函数的目标文件和其他目标文件链接成可执行文件。对文件关联时会进行检查,如果出错,需要返回修改源代码,直到没有错误。将有关的目标文件进行链接,使得所有的目标文件成为一个能够由操作系统装入执行的统一整体。最后生成的可执行文件一般以.exe 后缀结尾。

第四步,运行阶段。如果运行结果与期望不符,需要查找原因,或者修改代码,然后重新执行,直到程序没有问题。

在 VS2019 中创建新项目有一些简单的方式,请看下面的步骤。

(1) 启动 VS2019,单击"创建新项目"按钮,新建一个解决方案,如图 2-8 所示。

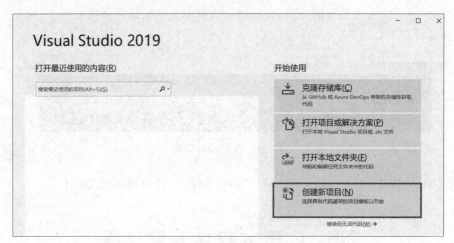

图 2-8　创建新项目

(2) 在图 2-8 中选择"创建新项目"选项,弹出如图 2-9 所示"创建新项目"对话框。

图 2-9　创建控制台应用程序

(3) 单击"控制台应用"选项,再单击"下一步"按钮,弹出"配置新项目"对话框,如图 2-10 所示。

(4) 配置新项目。选择项目的保存位置,并在"项目名称"文本框中输入具有代表性的项目名称。输入项目名称,比如 Hello;选择项目保存的位置,比如"D:\project\C",选中"将

图 2-10 设置项目名称和位置

解决方案和项目放在同一目录中"选项,单击"创建"按钮,显示主界面。

(5) 右击项目名 Hello.cpp,在弹出的快捷菜单中选择"移除"命令,如图 2-11 所示,在弹出的对话框中,选择"删除"选项即可,然后在相同位置建立后缀为.c 的 C 语言文件。

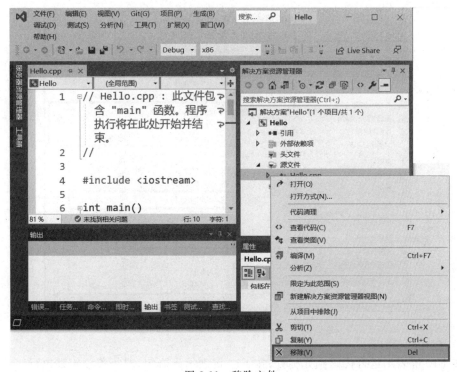

图 2-11 移除文件

提示：

（1）C语言是一种结构化、模块化的语言，语言简洁且使用方便，程序可移植性较好，有多种类型的数据结构，代码效率高。

（2）C语言是编译型语言，源程序必须经过编译并生成.obj文件，再链接生成可以执行的.exe文件后，才能运行。

（3）C程序总是从main()函数开始执行。函数是C程序的基本单元，一个C程序有且只有一个main()函数，可以有任意多个其他函数。程序运行时，通过函数调用的形式来实现函数的信息传递，被调用的函数可以是系统的库函数，也可以是自定义函数。

2.6 调试程序

设计程序时，调试程序必不可少。在VS2019中，在C语言程序中打上断点，才可以显示调试的相关窗口。是否加断点，菜单是不一样的。

在VS2019菜单栏中选择"调试"→"开始调试"命令，如果你的程序有输入或者打上了断点，再在菜单栏中选择"调试"→"窗口"→"监视"命令，可以看到监视窗口。其他窗口的打开方式可以参考图2-12中的命令，常用的有"自动窗口""局部变量""调用堆栈""寄存器"窗口。

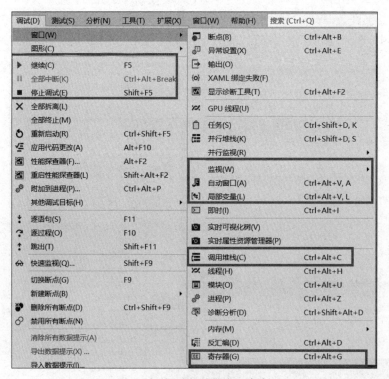

图2-12 调试相关的窗口命令

按F10键表示运行代码到光标处；按F11键表示逐语句，即每条语句都执行。

举例说明调试的作用，请看下面的程序，显示的界面如图 2-13 所示。

```
1   #include <stdio.h>
2   char* func(char* char1)
3   {
4       char* p = char1;
5       p = +2;
6       return p;
7   }
8   int main()
9   {
10      char* f = NULL;
11      f = func("abcd");
12      printf("%s\n",f);
13      return 0;
14  }
```

图 2-13　断点调试

程序中如果删除第 5 行代码，则可以正常运行，结果是 abcd。但是加上第 5 行代码后，就会报图中的异常。第 5 行代码只是改变了指针的位置，本意是想输出 abcd 去掉前面 2 字字符的结果，也就是 cd，却报错了。这时就需要调试了，看看问题出在哪里，很多程序会需要这样的调试。

在需要的地方打上断点，显示的界面如图 2-14 所示，在第 4 行、第 5 行、第 12 行打上断点，按 F5 键进行调试。

图 2-14　添加监视变量

在图 2-14 中，把想看的变量输入监视窗口里，仔细看每一行变量和变量的地址等，第 1 行是 p 的值，可以看出 p 目前的值还不确定，表格中显示为 0xcccccccc，但是从第 2 行 &p 可以看出 p 已经有了地址 0x00b6f7e8。第 4 行 char1 有了地址和内容，分别是 0x00eb7b30 和 abcd。按 F10 键继续，则可以看到如图 2-15 所示的变化。

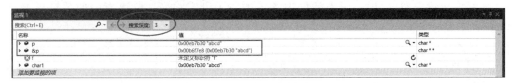

图 2-15　观察值的变化

图 2-15 中值有变化，则有红色显示，p 已经有了内容 0x00eb7b30，这个内容就是 char1 的地址，所以内容为 abcd。第 2 行还可以更清楚地看出，p 的地址、内容(是另一个地址)，以及这个内容地址所指向的内容，显示为 0x00b6f7e8(0x00eb7b30"abcd")。如果这时返回主函数，是可以获得正确的内容的。继续执行第 5 行代码 p＝＋2，发出 p 的值变为了 0x00000002，当然这个地址的内容不确定了。所以返回主函数，不能获得正确的内容。

在调试过程中,发现错误出在第 5 行代码 p=+2 上,所以将其改为 p+=2。再次运行程序,结果就可以打印出 cd 了。因此,当程序报错时,适时地进行调试是非常必要的。

程序调试是一个渐进的过程,努力做到优胜劣汰。在调试中历练自我,成为强者。世上没有白费的努力,更没有碰巧的成功,不要揠苗助长,不要急于求成,只要一点一点去做,一步步去走,成功就是水到渠成。

2.7　C 语言的字符集和词汇

程序是由语句构成的,语句是由词汇构成的,所有的词汇都是由字符集组成的。字符是组成语言的基本元素,任何一种语言都有特定的字符集,C 语言的字符集由字母、数字、空格、标点和特殊字符组成。

C 语言常用的标点和括号有逗号、分号、点号、冒号、圆括号、花括号等。还有"_、\、&、♯、!"等特殊字符,"+、-、*、/、%"等数学运算符,以及空格、制表符、换行符等格式控制符号。

C 语言的词汇包括标识符、关键字、运算符、分隔符、常量。

1. 标识符

C 语言规定标识符只能由字母、数字和下划线 3 种字符组成,且第一个字符必须为字母或下画线。字母大小写被认为是不同的标识符,sum 与 SUM、Sum 被认为是不同的变量名。

sum、flag、char1、str、num、_i、Student_Name、i5、i_5 标识符是合法的。

2b、M&N、-ibm、a+b 标识符是非法的。

在程序中使用的变量名、函数名、标号等统称为标识符。标识符由程序员定义使用,一般命名时尽量"见名知义",以便于阅读程序。

2. 关键字

C 语言关键字是 C 语言保留的一些有特殊作用的词语,变量名不能是 C 语言中的关键字。关键字也称保留字,用户定义的标识符不能与关键字相同。C 语言中的关键字参考附录 A。

3. 分隔符

C 语言分隔符包括逗号和空格两种,逗号主要用在多个变量具有相同类型的定义中;或用于函数参数列表中,作为多个参数的分隔符。空格多用于各单词。在变量定义时,数据类型与变量名必须包括一个或一个以上的空格。比如正确的定义方法是 int num,若写成 intnum,则编译器会把 intnum 当作一个新的标识符来处理,会引起编译错误。

2.8 C 与 C++

C 语言是面向过程的语言,而 C++ 是面向对象的语言。面向过程编程就是分析出解决问题的步骤,然后把这些步骤一步一步地实现,使用的时候依次调用就可以了。面向对象编程就是把问题分解成各个对象,建立对象的目的不是完成一个步骤,而是为了描述某个事物在整个解决问题的步骤中的行为。举例来说,比如说洗衣服这件事,面向过程就是先浸泡衣服,再清洗,最后再甩干晾晒;而面向对象,就是要找对象来完成,比如可以用洗衣机洗,也可以送到清洗店里洗,还可以找人来手洗。

C 源文件后缀为".c",C++ 源文件后缀为".cpp"。在 VS2019 中,在创建源文件时,默认是以".cpp"作为文件的后缀。

C99 有 32 个关键字,C++98 有 63 个关键字。C 语言数据类型没有像 C++ 中的 bool 型,但是有_Bool 型,用于表示布尔型,逻辑值为 true 或 false。C 语言没有 C++ 中的 String 字符串型,但可用数组、字符指针来代替。C 语言没有函数重载,C++ 支持函数重载,两者共同点有很多,比如都有灵活的指针类型。

C 语言没有引用传递而 C++ 有。在 C 语言中形参前加上 & 表示地址传递,在 C++ 中形参前加上 & 表示引用。

习 题

1. 选择题

(1) C 语言规定,必须以(   )作为主函数名。
  A. stdio   B. function   C. include   D. main

(2) C 语言程序由(   )组成。
  A. 子程序   B. 主程序和子程序
  C. 函数   D. 过程

(3) C 语言源程序文件的扩展名是(   )。
  A. .cpp   B. .c   C. .exe   D. .obj

2. 填空题

(1) C 程序是由_____构成的,一个 C 程序中至少包含一个_____。_____是 C 程序的基本单位。

(2) C 程序块注释是由_____和_____所界定的文字信息组成的,可以用_____来注释一行。

(3) 在 C 语言中,包含头文件的预处理命令以_____开头。

(4) 开发一个 C 语言程序,要经过_____、_____、_____、_____ 4 个步骤。

3. 判断题

（1）main 函数必须写在一个 C 程序的最前面。　　　　　　　　　　（　）
（2）一个 C 程序可以包含若干函数。　　　　　　　　　　　　　　（　）
（3）C 程序的注释部分可以出现在程序的任何位置，它对程序的编译和运行不起任何作用。但是可以增加程序的可读性。　　　　　　　　　　　　　　　　　　（　）
（4）C 程序的注释只能是一行。　　　　　　　　　　　　　　　　（　）
（5）C 程序的注释不能是中文文字信息。　　　　　　　　　　　　（　）

4. 上机题

上机实践以下程序，分析调试，写出运行结果。

```
#include <stdio.h>
void main()
{
    int data1, data2, data3;
    float f1, f2, f3;
    data1 = 3;
    data2 = 2;
    data3 = data1 + data2;
    f1 = 15.3f;
    f2 = 3.0f;
    f3 = f1 / f2;
    printf("和是%d\n", data3);
    printf("小数相除结果是%.2f\n", f3);
}
```

5. 程序设计题

（1）编写一个输出"Hello World"的程序。
（2）编写程序输出以下内容。

```
-----------------------------------
            Welcome to China!
-----------------------------------
```

✏笔记：

第 3 章　数据类型和表达式

学习目标
- 了解 C 语言的数据类型。
- 理解标识符、常量和变量的概念。
- 掌握 C 语言的基本输入/输出实现。
- 掌握 C 语言常见运算符和特殊运算符的使用。
- 理解 C 语言数据类型转换的机制和实现。
- 能灵活正确运用标识符、数据类型、运算符及表达式解决简单的实际问题。

技能基础

本章首先介绍 C 语言的数据类型,然后从学习 C 语言最基础的标识符、常量、变量入手,简明扼要地介绍算术运算、关系运算、逻辑运算、条件表达式和逗号表达式的用法,归纳总结了数据类型转换原则。此外,通过丰富的案例阐述,总结概括了 C 语言常见的输入/输出实现方式,让读者对输入/输出在理论上有清晰的认识。做到"拳不离手,曲不离口""温故而知新",读者可以为学习 C 语言程序设计奠定良好的理论基础。

在开发程序时,选择一个合适的数据结构和高效的算法是非常重要的,这直接会影响程序的性能。编写一个计算机程序,一般要考虑两方面的内容,一方面对数据的描述;另一方面是对数据的操作。其中数据的描述要靠数据类型来完成,数据类型是一个值的集合以及定义在这个值集合上的一组操作的总称,可以理解为由数据结构和数据操作组成的。数据类型决定了数据在内存中的存放形式、占用空间的大小、参与运算的方式等。

3.1　数据类型概述

C 语言的数据是以数据类型来组织的,以 int 表示基本的整数类型,加上 long、short、unsigned 形成整数类型的变式,如 long int、short int、unsigned int 等。C90 标准上又添加了 signed、void 数据类型关键字;C99 再添加了 _Bool、_Complex、_Imaginary 数据类型关键字,表示布尔型,以及复数和虚数。_Bool 用于表示逻辑变量值,用 1 表示 true,用 0 表示 false,因此 _Bool 类型其实仍是整型。

C 语言常用的数据类型如下。
- [signed|unsigned] int
- [signed|unsigned] short int

- [signed|unsigned] long int
- [signed|unsigned] long long int
- char
- float
- double
- long double
- void
- 数据类型名 []
- 数据类型名 *
- struct struct_name
- enum enum_name
- union union_name

C 语言的数据所涉及的数据类型如图 3-1 所示。

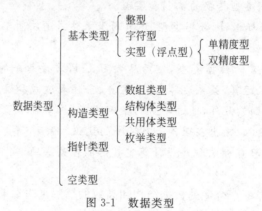

图 3-1　数据类型

1. 基本数据类型

基本数据类型是描述整数、实数、字符等常用数据的类型。其主要特点是：其值不可以再分解为其他类型。

2. 构造数据类型

构造数据类型可以通过 C 语言支持的数据结构定义一种新的类型，将所需要的基本数据类型汇集到一起，成为一个新的数据类型，在这个新的数据类型定义以后，可以直接在程序设计中使用构造类型。

在 C 语言中，构造数据类型有数组类型、结构体类型、共用体类型、枚举类型。

比如，学生实体是由多个基本类型的数据变量来描述的。假定要在程序中描述一个学生的数据，不能直接将学生定义为一个变量，因为程序中不支持这种形式的变量，因此需要在程序中将学生的各个属性分别写出来，比较烦琐。

但是，可以通过构造类型的结构体定义，并构造出一个复合的数据类型。

struct student

```
    {
        int number;                //学号
        char name[20];             //姓名
        char sex;                  //性别
        char birthday[8];          //出生日期
        char address[100];         //地址
        char department[20];       //系部
    };
```

struct 说明了一个新的数据类型,称为 struct student 类型,可以用这个类型表示学生变量。例如,"struct student stu1;struct student stu2;"定义了 2 个学生的变量 stu1 和 stu2。

3. 指针类型

指针类型是一种特殊的数据类型。指针就是指向变量在内存中的地址,是存储单元的地址。C 语言有整型指针 int *、符点型指针 float *、字符型指针 char *、结构体指针 struct * 等。

4. 空类型

在调用函数时,通常应向调用者返回一个函数值。有一类函数,调用后并不需要向调用者返回函数值,这种函数可以定义为"空类型",其类型说明符为 void。

3.2 基本数据类型

1. 整型

整型用于生活中的整数,比如十进制 12,八进制数 012,即 $(012)_8 = (10)_{10}$,等于十进制的 10。十六进制数 0x12,即 $(0x12)_{16} = (18)_{10}$,等于十进制的 18。

根据整数范围和符号,整型可以分为 6 种类型,表 3-1 中列举了这 6 种类型的取值范围和字节数。需要注意的是,字节数的大小与编译系统相关,并不完全相同。

表 3-1 整型数据取值范围及内存占有情况

类型说明符	取值范围	字节数
int(基本整型)	$-32768 \sim 32767 (-2^{15} \sim 2^{15}-1)$	4
unsigned int(无符号整型)	$0 \sim 65535 (0 \sim 2^{16}-1)$	4
short(短整型)	$-32768 \sim 32767 (-2^{15} \sim 2^{15}-1)$	2
unsigned short(无符号短整型)	$0 \sim 65535 (0 \sim 2^{16}-1)$	2
long(长整型)	$-2147483648 \sim 2147483647 (-2^{31} \sim 2^{31}-1)$	4
unsigned long(无符号长整型)	$0 \sim 4294967295 (0 \sim 2^{32}-1)$	4

基本整型用 int 表示,短整型用 short 表示,长整型用 long 表示。例如:

```
int a=10; unsigned short b=10; long c=123L;
```

2. 浮点型

浮点型用于描述生活中的实数，常见的小数如 3.14、9.99 等。可以根据取值范围和数据精度的不同，将浮点型分为单精度浮点型、双精度浮点型、长双精度浮点型。单精度浮点型用 float，双精度浮点型用 double，长双精度浮点型用 long double。

描述一个数据，还包括其在计算机中的存储形式。以字节为单位划分变量在内存中占用的存储单元长度，一个字节占 8 个二进制位，1byte＝8bit。不同的数据类型的变量长度一般是不同的。基本整型变量占 4 个字节，实型变量占 4 个字节，字符型变量占 1 个字节，short int 类型变量占 2 个字节，long int 类型变量占 4 个字节，long long int 类型变量占 8 个字节，double 类型变量占 8 个字节。有关浮点型数据取值范围及内存占有情况如表 3-2 所示。

表 3-2 浮点型数据取值范围及内存占有情况

类型说明符	比特数(字节数)	有 效 数 字	数 的 范 围
float	32(4)	6～7	$10^{-37} \sim 10^{38}$
double	64(8)	15～16	$10^{-307} \sim 10^{308}$
long double	64(8)	18～19	$10^{-4931} \sim 10^{4932}$

3. 字符型

字符型用来表示单个字符，如'A'、'1'等。类型说明符用 char 来表示，其值是用单引号括起来的一个字符，如 char c1='a'。c2='\101'为转义字符，ASCII 码为十进制数 65，表示字符'A'，内存中存储的是整数 65 的二进制代码。所以也可以把 c1 和 c2 看成整型变量。可以直接写"char c3=97;"表示字符'a'。

注意：小写字母的 ASCII 码十进制数比对应的大写字母的 ASCII 码十进制数大 32，利用这一点可以进行大小写字母的转化。ASCII 码表参见附录 B。

C 语言允许对整型变量赋以字符值，也允许对字符变量赋以整型值。在输出时，允许把字符变量按整型变量输出，也允许把整型变量按字符变量输出。整型变量为两字节量，字符变量为单字节量。当整型变量按字符型变量处理时，只有字节的低八位参与处理。

3.3 整型常量

1. 常量

在程序运行过程中，有些数据类型在程序使用之前已经预先设定好了，在整个程序的运行过程中没有变化。在 C 语言中，常量可以分为整型、浮点型、字符型和字符串型 4 种。在程序运行过程中，不可以改变的量称为常量(constant)。比如定义圆周率 π 的近似值 3.14，直接写成数值形式参与计算；再如 123，-1,1.23,3.14,'A','a'，八进制数 012 等都是常量。

2. 整型常量

整型常量就是整的常数。C 语言中,不可变的整数数据都可以看成是整型常量。整型常量可分为八进制整型常量、十进制整型常量、十六进制整型常量。八进制整型常数以 0 作为前缀,如 017,其对应十进制为 15;028 是不合法的八进制数。十六进制整型常数以 0X 或 0x 开头,比如 0X2C 对应十进制为 44,0xFFFF 对应十进制为 65535。

3. 短整型常数、长整型常数和无符号数

现在计算机普遍使用 64 位 CPU,为了存储 64 位的整数,才引入 long 类型。常见的个人计算机,short int 占 16 位,int 和 long int 占 32 位,long long int 占 64 位。在嵌入式系统中,如果某些硬件寄存器是 16 位,则可以使用 short int 类型定义短整型常数变量。

长整型常数是用后缀 L 或 l 表示的,如 138L,占 4 个字节内存空间,而整型常数 138 占 2 个字节内存空间。无符号数也可以用后缀表示,加上 U 或 u,如 138u、0X1AU 都是无符号数。

4. 整数常量的取值范围

C 语言的整数类型可表示不同的取值范围,依据计算机系统而定。检测方法是使用语句"printf("本机基本整型变量占%d 个字节\n", sizeof(int));",在 VS2019 下得到的可能是"本机基本整型变量占 4 个字节"。4 个字节就是 32 位,如果是 int 型,则表达的范围是 $-2^{31} \sim 2^{31}-1$,即 $-2147483648 \sim 2147483647$;如果是 usigned long int 型,则表达的范围是 $0 \sim 2^{32}-1$,即 $0 \sim 4294967295$,用 printf("%u\n",data) 可以打印出来。注意要使用%u,即 0xFFFFFFFF;若使用%d,因为%d 表示有符号的整数,则结果为 -1。

5. 整型常量的应用

```
int dogs = 2;              //定义整型变量 dogs,并赋初值为 2
int cats;                  //定义整型变量 cats,没有赋初值
scanf("%d",&cats);         //通过 scanf 来赋值,注意变量名加上 &
printf("%d\n",dogs);       //打印整型变量的值,\n 表示换行,%d 表示整数类型
printf("cats=%d\n", cats); //双引号中内容除%d\n 特殊功能字符外,其他按原样输出
```

提示:%hd 用来输出 short int 类型,hd 是 short decimal 的简写;%d 用来输出 int 类型,d 是 decimal 的简写;%ld 用来输出 long int 类型,ld 是 long decimal 的简写。

3.4 浮点型常量

1. 浮点型常量分类

浮点型可以理解为小数表示类型,也称实型,float 型是系统的基本浮点类型,称为单精度型,可精确表示至少 6 位有效数字。double 类型存储范围可能更大,称为双精度型,能表

示比 float 更多的有效数字。还有 long double 型,称为长双精度型,范围再大一些。

2. 浮点型常量的表示

浮点型常量可用十进制表示,也可以用指数形式表示。比如 3.14、1.234e2、1.23456E3、1.234e−2、−.74(整数部分为 0,可以省略)、−.2e3 都是合法的浮点数。字母 E 大小写都可以,但指数 e 前面必须有数字,且后面的数字必须为整数。1.234e2 相当于 1.234×10^2,1.234e−2 相当于 1.234×10^{-2}。

3. 浮点数在内存存储

浮点数在内存中是按科学计数法来存储的,float 和 double 型的范围是由指数的位数来决定的。float 型的指数位有 8 位,double 型的指数位数有 11 位。指数部分占的位数越多,则能表示的范围越大;尾数部分占的位数越多,则能表示的精确度越高。

在计算机系统(包括单片机)中,实型数据在内存中按指数形式存储,一般采用的是 IEEE754 标准。该标准为 32 位浮点和 64 位双精度浮点二进制小数定义了二进制标准。

float 型 32 位标准如下:

1位符号位	8位表示指数	23位表示尾数

double 型 64 位标准如下:

1位符号位	11位表示指数	52位表示尾数

IEEE754 用科学记数法以底数为 2 的小数来表示浮点数。IEEE 浮点数用 1 位表示数字的符号,1 为负,0 为正;用 8 位来表示指数;用 23 位来表示尾数,即小数部分。作为有符号整数的指数可以有正负之分。小数部分用二进制(底数 2)小数来表示,这意味着最高位对应着值 2^{-1},第二位对应着 2^{-2},其他依此类推。对于双精度浮点数,用 11 位表示指数,52 位表示尾数。

符号位 S、指数 E(也称阶码)、尾数 M 三者合在一起,就是 IEEE754 科学记数法,在这之前要进行小数的规格化表示。例如,小数 5.75 进行单精度浮点化处理,5.75 用二进制表示为 101.11。再进行规格化,小数点移到第 1 位之后,左移 2 位,为 1.0111 * 2^2,即 e=2。这时符号位 S=0;阶码 E=0000 0101+0111 1111=1000 0100,也就是用 e+127 的二进制数表示;尾数 M=01110000000000000000000,前面有 1 个 0,再加上 3 个 1,后面补上 19 个 0,共 23 位。所以 5.75 在内存中存储格式为:1 10000100 01110000000000000000000。

疑问 为什么 IEEE754 标准中,32 位浮点数的指数转换为阶码时需要加上数值为 127 的偏移量?

解答:是为了在阶码中不引入符号位才加的 127,是为了浮点数表示范围的对称性。

阶码是用移码表示的。移码的表示形式与补码相似,只是其符号位用"1"表示正数,用"0"表示负数,数值部分与补码相同。

在用移码表示时,−128 用移码表示为 0000 0000,−127 用移码表示为 0000 0001,依此类推,−1 用移码表示为 0111 111,0 用移码表示为 1000 0000,1 用移码表示为 1000 0001,

127 用移码表示为 1111 1111。在求解时，注意正数的补码就是本身，负数求补码是符号位不变，其余求反加 1。求补码时，正数符号位为 0，负数符号位为 1，移码正好相反。

阶码 8 位，阶码中二进制数为无符号数。原来 8 位二进制数有符号二进制表示范围是 $-127\sim+127$，但是 IEEE 为了不在阶码中引入符号位，且 8 位移码范围是 $1\sim254$，因此引入移码，在有符号位的二进制基础上加 127，那么就有了阶码范围 $0\sim254$，但是 0 不合法，因此阶码范围是 $1\sim254$。加上 127 后，从原来的二进制有符号转变为无符号数了，IEEE 是为了在阶码 E 中不引入符号位才加的 127。

4. 浮点数的范围

浮点数的范围与类型相关，float 型和 double 型的范围是由指数的位数来决定的。由于 float 型的指数位有 8 位，所以 float 型的指数范围为 -127 到 $+128$；而 double 型的指数位有 11 位，所以 double 型的指数范围为 -1023 到 $+1024$，float 型的范围为 $-2^{128}\sim+2^{128}$，即 $-3.40E+38\sim+3.40E+38$；double 型的范围为 $-2^{1024}\sim+2^{1024}$，即 $-1.79E+308\sim+1.79E+308$。

float 型和 double 型的精度是由尾数的位数来决定的，float 型 $2^{23}=8388608$，一共 7 位，这意味着最多能有 7 位有效数字，但绝对能保证的为 6 位，即 float 的精度为 $6\sim7$ 位有效数字；而 double 型 $2^{52}=4503599627370496$，一共 16 位，但绝对能保证的为 15 位，即 double 的精度为 $15\sim16$ 位。

5. 浮点数使用的注意事项

一个很大的数加上一个很小的数，有可能"丢失"小数。比如很大的数为 2147483648，很小的数为 0.0001，两者相加，如果结果用 %f 输出，则结果为 2147483648.000000，而不是 2147483648.0001。

理论上说一个数加上 1，与原来的数应该不相等，但是在使用符点数计算时，考虑不周时，就可以产生错误的结果。因为浮点数只是数据的近似表示，必然存在截断误差。程序如下。

```
float a, b;
a = 2.0e10;
b = a + 1;
printf("a=%f\n",a);
printf("b=%f\n",b);
if (a == b)
    printf("a 等于 b");
else
    printf("a 不等于 b");
```

疑问　结果是 a 等于 b，还是 a 不等于 b？
解答：结果是 a 等于 b。

3.5 字符型常量及转义字符

1. 字符型常量

字符型在 C 语言中用 char 表示,一般在内存中长度为 8 位。比如一个字母'a',字符常量在表现形式上是用单引号括起来的一个字符。不能用双引号,比如"A"就不是字符型常量,而是字符串型常量。字符型常量只能是单个字符,不能是字符串,比如'abc'就不是字符型常量,也不是字符串型常量。区分数字字符与数字,比如,字符型常量'5'与整型常量 5 是不一样的,前者不能参与加减法运算。

2. 转义字符

转义字符是一种特殊的字符常量,以反斜线"\"开头,后跟一个或几个字符。如\n 表示换行符;\t 表示制表符,移到下一个 Tab 处,每一个输出区为 8 个字符位置;\r 表示回车,但是移动本行开头,重写本行,如果没有完全覆盖,则剩余部分仍显示原行内容;\\表示\,\'表示"'",\"表示""";\ooo 表示 1~3 位的 8 进制数;\xhh 表示 1~2 位的 16 进制数。C 语言中常用的转义字符及含义如表 3-3 所示。

表 3-3 常用的转义字符及含义

转 义 字 符	含 义
\n	回车换行
\t	横向跳到下一制表位置
\b	退格
\r	回车
\f	走纸换页
\\	反斜线符"\"
\'	单引号符
\"	双引号符
\a	鸣铃
\ddd	1~3 位八进制数所代表的字符
\xhh	1~2 位十六进制数所代表的字符

比如,"printf("%d\n",'\102');"结果为 66,注意要用单引号括起来,八进制 102 等于十进制数 66,可表示为 $(102)_8 = (66)_{10}$。又如,"printf("%d\n",'\x12');"结果为 18,即十六进制 12 等于十进制数 18。

由于字符型常量只占一个字节,因此只能表示 256 个值,要给字符变量赋整数值,则范围在 0~255。在 C 语言中,字符常量 0~127 部分被映射成 ASCII 码。

3.6　字符串常量

字符串常量是由一对双引号括起来的 0 个或多个字符序列。例如,"A"、"I Love China!"、"123.88"等。字符常量和字符串常量的引号都是在英文半角状态下的引号,不是中文状态下的引号,这点要特别注意。字符常量形式为'字符',而字符串常量形式为"字符串"。其中两个双引号连写("")表示空串。

在 C 语言中,没有相应的字符串变量,一般用字符数组来存放一个字符串常量。

字符常量占一个字节的内存空间,字符串常量占用的内存字节数等于字符串中字符数加 1。比如字符常量'a'占一个字节,字符串常量"a"占两个字节。

3.7　符 号 常 量

在 C 语言中,可以使用一个标识符来表示一个常量,称为符号常量。符号常量的定义如下。

1. 用#define 形式定义符号来定义

#define 常量名 常量值

例如:

```
#define NUMBER 30              //定义 NUMBER 为常量,用大写字母表示,其值为 30
#define PI 3.14                //定义 PI 为常量,其值为 3.14,可用于计算圆的面积
#define PRICE 30               //定义 PRICE 为常量,表示价格为 30
```

使用常量的好处是:改变一个常量,可以做到一改全改,程序中所有引用的地方根据定义而改变。例如:

```
#define PRICE 50               //程序中所有的价格都改为 50
```

2. 用 const 关键字来定义

const 数据类型 常量名=常量值

例如:

```
const float INTEREST_RATE = 0.003;    //银行的活期年利率为 0.003
const float PI = 3.1415926;           //圆周率近似值为 3.1415926
```

一个程序中反复多次使用的常量,都会定义为符号常量。一般地,用一个能够表示意义的单词或字母组合来为符号常量命名。使用符号常量避免反复书写,减少代码出错率。用符号常量方便统一修改,当程序中多次出现同一个常量时,在需要修改时,只需修改定义,就可以做到一改尽改。

3.8 变量

1. 变量

在程序运行过程中,有些数据可能会改变或者被赋值。与常量相对的是,可以改变的量称为变量(variable)。变量由变量名和变量值组成,例如 data=10,变量名为 data,变量值为 10。在程序运行过程中,可能遇到类似 data+=20 的语句,相当于 data=data+20,使得 data=30。值发生了改变,就是变量。

变量一般用来保存输入的数据、运算的中间结果、输出的数据等。

2. 变量的分类

变量可以分为整型变量、字符型变量等。变量要有变量名,只能由字母、数字、下划线 3 种字符组成,且第 1 个字符必须为字符或下划线。例如,name、age、data1、a1、a2、sum、student_age 都是合法的变量名。程序为每一个变量都分配一个存储空间,空间中存储着数据值。程序可以使用变量名来访问这个存储空间,实现数据的读取与修改。

3. 变量的定义

变量在使用前,要进行变量的定义。一般地,常量名要大写,变量名要小写。

定义变量的格式为

数据类型名 变量名;

例如:

```
int a;
double time;
char char1,char2;
```

其中,int、double、char 为数据类型名,a、time、char1、char2 为变量名。如果在使用变量时没有进行定义,则编译器会报 undeclared identifier 错误。

(1) 一般地,先定义变量,然后使用。

(2) 如果要在定义变量前使用,则要加上关键字 extern。例如,main 函数中包含"extern int data; printf("这个数是%d\n",data);"语句,则在 main 函数之后,要加上"int data;"来定义 data 变量。

(3) 变量的名字必须符合 C 语言对标识符的规定,标识符用来标识对象的名字,如变量、函数名、数组名、类型等,这些都称为标识符。

(4) 数据类型名与变量名至少有一个空格。

(5) 如果一行定义多个变量,变量用","分隔,最后一个变量名后以";"结束。

4. 变量的初始化

一般情况下,变量定义之后都要给定一个初值,即变量的初始化。初始化有两种方式。

(1) 边定义边初始化:

```
int a=10;
```

(2) 先定义后初始化:

```
int a;
a=10;
printf("%d",a);
```

在 printf 函数中,%d 表示按整型的一般形式输出。

5. 变量的应用

(1) 浮点型变量的定义与初始化。

```
float f1=3.14f;    //可以不加上 f,但因为编译系统会把所有的 float 当作 double 来处理,所
                   //以可能会产生警告
double d1=1.23;    //系统默认为 double 型
```

(2) 浮点型变量的输入。输入时,"scanf("%f",&number);"中的%f 表示按浮点数的一般形式输出,%e 表示按浮点数的指数形式输出。%10.2f 表示字段宽度为 10,并且有 2 位小数。如果想输入或输出 double 型数据,则使用%lf;如果还想再精确一点,使用%llf。

(3) 浮点型变量的输出。

```
float m = 3.5;
printf("默认几位小数%f\n",m);
```

则结果为 3.500000,有 6 位小数。

(4) 字符型变量的初始化。

```
char c1;
c1='A';
```

常见的错误是,在定义了"char c1;"后,赋值时错误写成"c1=A;"或"c1="A";",正确的是"c1='A';"。

(5) 字符型变量的输入或输出。输入或输出 char 型数据,%c 表示按字符形式输入或输出。

(6) 字符串变量。

```
char char1 = 'a';           //char1 是字符变量,用单引号
char str1[]="a";            //str1 是字符串变量,是字符数组,用双引号
char str2[] = "abcd";       //str2 是字符串变量,是字符数组,用双引号
```

上面的 char1 为字符变量,str1 和 str2 为字符串变量。注意,虽然 char1 和 str1 都是字母 a,但是意义不同。字符 a 在内存中占一个存储单元,而字符串 str1 长度为 2,在内存中占

用 2 个存储单元。使用字符串数组进行初始化时，数组的最后 1 个内存单元中总是存储符号"\0"，不是数字 0，C 语言用它标记字符串的结束。它是非打印字符，其 ASCII 码值是 0，是空字符。"\0"也要占用 1 个存储单元，所以 str2 的长度为 5。

3.9 常用运算符及表达式

1. 运算符

运算符是一种告诉编译器执行特定的数学计算或逻辑操作的符号。C 语言内置了丰富的运算符，并提供了以下类型的运算符。

- 算术运算符　　＋　－　＊　／　％　＋＋　－－
- 关系运算符　　＝＝　!＝　＞　＜　＞＝　＜＝
- 逻辑运算符　　＆＆　||　!
- 位运算符　　　＆　|　^　～　＜＜　＞＞
- 赋值运算符　　＝　＋＝等
- 求字节数运算符　sizeof()
- 指针运算符　　＆　＊
- 条件运算符　　？：
- 逗号运算符　　，
- 其他　　　　　［］　（）

运算符的含义请参考附录 C。

2. 表达式

表达式是由运算符、括号和操作数连接起来构成的句子。C 语言操作数包括常量、变量和函数值等。例如：

a+3;
++a;
a>b;
a=(x+y)>(x-y);
a>b? a:b;   //该运算符的操作对象有 3 个。"？："合称为三目运算符
(a+b, a-b)

3. 算术运算符

（1）算术运算符的分类。C 语言的算术运算符主要有单目运算符和双目运算符两类，如表 3-4 所示。单目运算符是指运算符的操作对象只有一个，比如"＋＋a"；而双目运算符操作对象有两个，比如"b＋a"。

表 3-4　算术运算符及含义

类别	运算符	含义	举例
双目	＋	加法	1.5＋2.5
	－	减法	100－10
	＊	乘法	2.5＊3.5
	/	除法	10/5,10.5/5.0
	％	求模或取余(只能用于整型)	5％2
单目	＋＋	自加 1(只能用于变量)	如"int i＝10；i＋＋；"，则 i 的值为 11
	－－	自减 1(只能用于变量)	如"int i＝11；i－－；"，则 i 的值为 10
	－	取负	－a

提示：％与/的区别说明如下。％表示取模运算符，得到整除后的余数，比如 5％3＝2；而/表示分子除以分母，比如 5/3＝1,5/3.0＝1.666667。

(2) 运算符的优先级和结合性。C 语言的算术表达式是由常量、变量、函数、圆括号、运算符等组成的，比如"(a－b)/c＊2＋'a'＋15％－4"。与数学中的四则运算规则一样，C 语言中的表达式运算也是具有优先级的。在表达式中，优先级较高的先于优先级较低地进行运算。而在一个运算量两侧的运算符优先级相同时，则按运算符的结合性所规定的结合方向处理。

C 语言中各运算符的结合性分为两种，即左结合性(自左至右)和右结合性(自右至左)。比如 a＝b＝c，由于"＝"为右结合性，应先执行 b＝c，再执行 a＝(b＝c) 运算。同一优先级的运算符，运算次序由结合方向所决定。

提示：自增＋＋及自减－－用法说明如下。＋＋i 和 i＋＋相当于 i＋1，不同点是：＋＋i 先执行加 1 后，再使用 i 的值；而 i＋＋是先使用 i 的值后，再执行加 1。自减－－用法类似。

```
int i=9;
printf("%d", ++i);        //输出为 10
int i=5;
printf("%d", i++);        //输出为 5
```

4. 赋值运算符

(1) 赋值运算符和赋值表达式。赋值运算符的作用就是将某个数值存储到一个变量中。在 C 语言中，"＝"符号称为赋值运算符。由赋值运算符组成的表达式称为赋值表达式，赋值表达式的值就是最左边变量所得到的新值。

赋值表达式格式如下：

变量=表达式；

"＝"为赋值运算符，计算赋值运算符右侧表达式的值，将赋值运算符右侧表达式的值赋给左侧的变量，将赋值运算符左侧变量的值作为整个表达式的值。

(2) 复合赋值表达式。在 C 语言中，赋值运算符还可以和其他二目运算符组合，形成复合赋值运算符，如＋＝、－＝、＊＝等。由这些复合赋值运算符组成的表达式就称为复合赋值表达式。比如 a+=2,相当于语句 a=a+2;a*=2,相当于语句 a=a*2。

(3) 赋值运算符的优先级和结合性。运算符的优先级由高到低是:单目运算符 > 算术运算符 > 关系运算符 > && > || > 赋值运算符(请参考附录 C)。

赋值运算符有右结合性,比如"a=b=100;"语句根据赋值运算符的右结合性,先将 100 赋值给变量 b,然后将表达式"b=100"的值赋值给变量 a(即变量 b 的新值 100)。

5. 关系运算符

(1) 关系运算符和关系表达式。关系运算符主要实现数据的比较运算,如 >、<、!= 等。关系表达式是指计算机程序中用关系运算符将两个表达式连接起来的式子。关系表达式的值是逻辑值"真"或"假",分别用 1 和 0 表示。但是 C 语言(C99 之前)没有逻辑型变量和逻辑型常量,也没有专门的逻辑值,故以"非 0"代表"真",以"0"代表"假"。在关系表达式求解时,以"1"代表"真",以"0"代表假。当关系表达式成立时,表达式的值为 1,否则表达式的值为 0。

比如,20>10 的值为 1,3<2 的值为 0,1!=2 的值为 1。C 语言的关系运算符及含义如表 3-5 所示。

表 3-5 关系运算符及含义

运 算 符	含 义	运 算 符	含 义
>	大于	<=	小于等于
>=	大于等于	==	等于
<	小于	!=	不等于

(2) 关系运算符的优先级。关系运算符的优先级低于算术运算符,高于赋值运算符。在表 3-5 中,>、>=、<、<= 4 个优先级相同,高于 == 和 !=,而 == 和 != 优先级相同。

6. 逻辑运算符

(1) 逻辑运算符。逻辑运算符用来实现逻辑判断功能,一般是对两个关系表达式的结果或逻辑值进行判断。C 语言中的逻辑运算符只有 3 个,即逻辑与(&&)、逻辑或(||)和逻辑非(!)。

- && 是逻辑"与",若 a、b 同为真,则 a&&b 为真,其余都为假。
- || 是逻辑"或",若 a、b 其中一个为真,则 a||b 为真;当 a、b 同时为假时,a||b 为假。
- ! 是逻辑"非",若 a 为真,则 !a 为假;若 a 为假,则 !a 为真。

(2) 逻辑表达式。逻辑表达式是由逻辑运算符连接关系表达式或其他任意数值型表达式构成的式子。逻辑表达式的值是一个逻辑值,用 1(逻辑真)或 0(逻辑假)表示。C 语言编译系统在给出逻辑运算结果时,以数字 1 表示"真",以数字 0 表示"假"。但在判断一个量是否为"真"时,以 0 表示"假",以非 0 表示"真"。

(3) 逻辑表达式逻辑运算符的优先级与结合性。三个逻辑运算符中,逻辑非"!"的优先级最高,具有右结合性;其次是逻辑与 &&;最后是逻辑或 ||,逻辑与和逻辑或都具有左结合性。它们的优先级为:! > && > ||。

当一个复杂的表达式中既有算术运算符、关系运算符,又有逻辑运算符时,它们的优先级为:算术运算符＞关系运算符＞逻辑运算符。

7. 位运算符

C语言提供了位运算符,可以对一个变量的每一个二进制位进行操作。在编写系统软件,特别是驱动程序的时候,这些位运算符非常有用。位运算符的操作对象只能是整型或字符型数据,不能是其他类型数据。

- & 是按位与,比如 1&0=0,0&0=0。
- | 是按位或,比如 1|0=1,0|0=0。
- ^是按位异或,1^1=0,1^0=1。
- ~是按位取反运算符,~0=1。
- <<是左移运算符。
- \>>是右移运算符。

疑问

(1) "printf("%d", 3&5);"的结果是多少呢?

解答:整数 3 和 5 在内存中一般以 4 个字节的形式存储。假设以 1 个字节存储,则整数 3 以二进制 8 位可表示为 00000011,整数 5 以二进制 8 位可表示为 00000101。以 4 个字节存储,只是前面多了一堆的 0,运算方法类似。3&5 即表示为 00000011&00000101,进行按位与的运算,结果为 00000001,也就是十进制的 1,所以结果为 1。

(2) "printf("%d", ~5);"的结果是多少呢?

解答:弄清这个问题前,先要明白计算机内存中数的表示。正数以原码形式表示;负数以补码形式表示。正数的补码不变;负数的补码是符号位 1 不变,其他位取反后再加 1。一个负数的补码再求补码,还是原来的负数。比如,正数 5,以 4 个字节存储,则为 00000000 00000000 00000000 00000101,前面有一堆 0。为了简便,假设以一个字节存储,原码为 00000101,正数 5 的补码也是 00000101,与原码相同。-5 的原码为 10000101,最前面的 1 表示符号位,是负数。-5 的反码为 11111010,再加上 1,形成补码 11111011。

现在要计算"~5",对 00000101 按位取反即可。这个数表示的十进制是多少呢?注意到最前面是 1,表示是负数,则是补码形式,所以再求补码 11111010 的补码就是原来的十进制数了。对 11111010 取反再加 1,注意最前面的符号位保持不变,即为 10000110,是-6 的原码,所以结果是-6。

(3) "printf("%d", ~1);"的结果是多少呢?

解答:可以参考上面的解释自己求解,结果为-2。

8. 条件运算符

条件表达式由条件运算符构成,并常用条件表达式构成一个赋值语句,条件表达式内可以嵌套。x=表达式 1? 表达式 2:表达式 3,其意义是:先求解表达式 1,若为非 0(真),则求解表达式 2,将表达式 2 的值赋给 x;若为 0(假),则求解表达式 3,将表达式 3 的值赋给 x。

逗号表达式是用逗号运算符连接起来的表达式,它的一般形式如下:

表达式 1,表达式 2,...,表达式 n;

例如,x=a>b? a:b,表示如果 a>b 成立,则 x=a,否则 x=b。

9. 逗号运算符

C语言提供一种特殊的优先级别最低的运算符——逗号运算符,它将两个及其以上的式子连接起来,从左往右逐个计算表达式,整个表达式的值为最后一个表达式的值。用逗号将表达式连接起来的式子称为逗号表达式。逗号表达式的一般格式如下。

表达式 1,表达式 2,...,表达式 n;

例如,(3+5,6+8)称为逗号表达式,其求解过程先求表达式 1,后求表达式 2,整个表达式的值是表达式 2 的值。又如"(3+5,6+8);"的值是 14,即整个表达式值是最后一个表达式的值。

逗号表达式的运算过程是:先计算表达式 1,再计算表达式 2,……依次算到表达式 n。整个逗号表达式的值是最后一个表达式的值。逗号表达式的结合性是从左向右,它的优先级是最低的。

例如,"b=1,2*5,b+3;"逗号表达式的值是 4。又如"int a,b=5; a=2+(b+=b++,b+8,++b);"的运算过程可以理解为,因为 b 等于 5,先计算 b+=b++,结果是 b=10。再计算 b++后,b=11。再计算 b+8,结果为 19,而 b 仍然等于 11。最后一个表达式++b=12,a=2+12=14。所以整个逗号表达式的值是 12,即 b=12,a=14。

【例题 3-1】 编写一个 C 程序,从键盘输入两个整数,输出两个整数的和。

```
1    #include <stdio.h>
2    void main()
3    {
4        int data1, data2, sum;
5        printf("请输入两个整数:\n");
6        scanf("%d%d",&data1,&data2);
7        sum = data1 + data2;
8        printf("这两个数的和是%d\n",sum);
9    }
```

第 4 行代码定义三个整数变量 data1、data2、sum,默认值是 0。

第 6 行代码用 scanf()函数得到键盘中输入的两个整数。%d 表示整数,%d%d 表示两个整数。整数可以用一个以上的空格键、回车键或 Tab 键作为两个输入数的间隔。

注意:如果是"%d,%d",则输入数字 10 与 20 时,应该输入"10,20",而不是 10 后面加空格 20。

第 7 行代码把 data1 和 data2 的值相加,结果赋值给 sum。

运行程序,输入 10 后回车,再输入 20,可以得到这两个数的和,程序的运行结果如图 3-2 所示。

提示:在编译程序时,如果出现 C4996 错误,具体内容是用 scanf_s 代替 scanf,提示"'scanf': This function or variable may be unsafe. Consider using scanf_s instead. To

图 3-2　程序的运行结果

disable deprecation，use _CRT_SECURE_NO_WARNINGS. See online help for details."错误。一种方法是在 VS2019 中右击项目名 Helloworld，在弹出的快捷菜单中选择"属性"命令，把 SDL 检查改为"否"，界面如图 3-3 所示；另一种方法是在程序前加上＃define _CRT_SECURE_NO_WARNINGS。

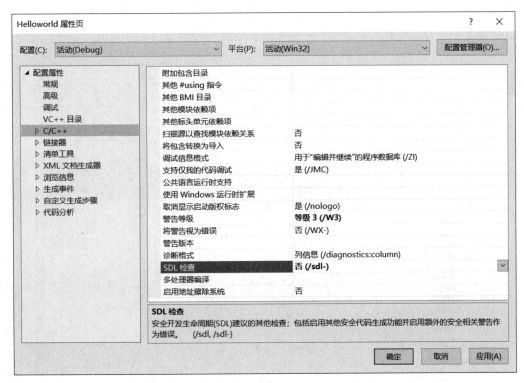

图 3-3　关闭 SDL 检查

✎笔记：

_____

_____

_____

如果在同一个项目里已经有了一个包含 main()函数的 C 程序文件，再建立一个 C 程序文件也含有 main()函数，则在运行时会出现错误，错误界面如图 3-4 所示。

如果同一个解决方案的源文件夹中建立了多个包含 main()函数的 C 文件，在运行时会报错，需要单独重新建一个项目，这显然不是很方便。解决方法是：右击其中一个

图 3-4　多个 main() 函数的 C 源文件的错误

HelloWorld.c 文件，选择"属性"命令，在图 3-5 所示的对话框中选择"常规"选项，在"从生成中排除"名称后面选择"是"选项，这样就可以运行另一个 sum.c 文件，而不受 HelloWorld.c 的干扰。

✎笔记：

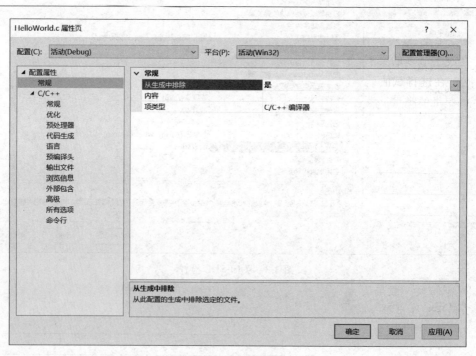

图 3-5　设置属性

现在会发现 HelloWorld.c 文件前面多了一个红色杠杠 ▷ 🗎HelloWorld.c ，运行 sum.c 程序就不会有类似的错误出现了。有了这个方法，以后建立一个项目，编写多个 C 源程序文件。运行程序时注意把不需要编译的文件"从生成中排除"即可。

3.10 数据类型转换

在多个类型进行运算时,不同类型要转换为同一类型,再进行运算。C 语言提供的类型转换方法有以下两种。

1. 自动转换

不同数据类型的变量混合运算时,由编译系统自动完成转换,转换规则如图 3-6 所示。自动转换遵循以下规则。

(1) 若参与运算的类型不同,则先转换成同一类型,再进行运算。

(2) 转换按长度增加的方向进行,以确保精度不降低。

(3) 所有的浮点运算都转换成 double 型,再做运算。

(4) char 和 short 型参与运算时先转换为 int 型,而 float 型统一转换成 double 型。

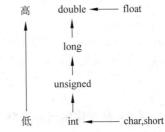

图 3-6 数据类型的自动转换规则

(5) 整型与 double 型数据运算时,先将整型转换成 double 型。也就是说,字节少的类型转换成字节多的类型。

(6) 在进行赋值运算时,赋值号两边的数据类型不同时,赋值号右边的数据类型将转换为左边变量的类型。如果右边的数据类型长度比左边的长,将丢失一部分精度,损失部分数据。

📝笔记:

_____

_____

_____

2. 强制转换

强制转换一般是把字节多的类型转换成字节少的,把小数转换成整数。如(int)1.23 等于 1,(int)1.56 也等于 1,不用四舍五入,而是"向下取整"。

强制转换一般形式如下:

(强制要转换成的类型名) (表达式)

比如,(double)x 表示将 x 转换成 double 型;(double)(m+n)表示把 m+n 的结果强制转换为整型;(double)(m)+n 表示把 m 强制转换为整型,再与 n 相加;(int)(a+b)表示将 a+b 的结果转换成 int 型;(float)a 表示把 a 转换为实型变量。

再比如,(float)(5/3)表示将 5/3 的结果 1 转换成 float 型 1.0。如果想得到结果 1.67,则使用 5*1.0/3 或 5.0/3 或 5/3.0。只要运算数中有一个数为浮点数,则结果是 double 型。

注意：强制转换只是改变了转换后的结果，"double x=1.23；int y=(int)x;"中，变量 x 的类型没有改变。

3.11 数据的输入与输出

C语言中的输出通常使用 printf() 函数，输入通常使用 scanf() 函数。printf() 函数发送格式化输出到标准输出（屏幕），scanf() 函数用于从标准输入（键盘）读取字符并格式化。

1. 用%d 格式化输出十进制

```
int m=123;
printf("%d",m);          //输出 123
printf("%5d\n",m) ;      //长度为 5,输出 123,123 前面有 2 个空格。如果数字的宽度大于 5,则
                         //按实际长度输出。输入时用 scanf("%d",&m)
```

2. 用%o 格式化输出八进制

```
int n=-2;
printf("%d\n", n);       //输出-2
printf("%o\n", n);       //输出 37777777776,共计 11 个数字。%o 中为字母 o,不是数字 0
```

3. 用%x 格式化输出十六进制

```
int a=-1;
printf("%d\n", a);       //输出-1
printf("%x\n", a);       //输出 ffffffff
```

4. 用%c 格式化输出一个字符

```
char ch='a';
printf("%d\n", ch);      //输出 97
printf("%c\n", ch);      //输出 a。输入时用 scanf("%c",&ch)
```

5. 用%s 格式化输出字符串

```
printf("%s\n", "Hello");                        //输出 Hello
printf("%s\n", "Welcome to Shanghai!");         //输出"Welcome to Shanghai!"
```

输入代码如下：

```
char name[20];                   //先定义数组
scanf("%s", name);               //使用数组名,而不是 &name
printf("%s\n", name);
```

提示：在用 scanf 函数时，默认回车、空格和 Tab 是输入不同组的间隔和结束符号，所

以输入带回车、空格和 Tab 的字符串是不可以的。比如输入名字 chen daoxi，chen 与 daoxi 中间有一个空格，则只能得到 name＝chen，后面的会自动丢掉。

如果要遇到回车才结束读字符串，可以使用以下两种方法。

```
char name1[20] = {'\0'};              //方法 1,使用 gets 函数
gets(name1);
printf("%s\n", name1);
char name2[10] = { '\0' };            //方法 2,使用正则表达式
scanf("%[^\n]",name2);
printf("%s\n", name2);
```

scanf("%[^\n]",name2)表示遇到回车符才结束。格式符"%[]"的作用为扫描字符集合。"scanf("%[^c]",str);"中的"c"是一个具体的字符常量(包括控制字符)。当输入字符串时，字符"c"将被当作当前输入的结束符。利用此格式符就可以由编程者自己指定一个输入结束符。例如：scanf("%[a-zA-Z0-9]",str)表示只匹配输入的大小写字母和数字，遇到非数字和字母时输入结束。

如果在一个 scanf 中给多个字符数组赋值，代码如下：

```
char str1[12];
char str2[12];
scanf("%s%s",str1,str2);
```

如果输入为"this is a book"，也就是 this 与 is 有空格，则 str1 为 this，str2 为 is。

6. 用%f 格式化输出浮点型数据

```
float f = 123.456f;
printf("%f\n", f);                    //输出 123.456001
printf("%.2f\n", f);                  //输出 123.46。输入时用 scanf("%f",&f)
```

7. 用%e 格式化输出指数

```
float g = 123.456f;
printf("%e\n", g);       //输出 1.234560e+02。如果是 Visual C++,输出为 1.234560e+002
printf("%.2e\n", g);     //输出 1.23e+02,如果是 Visual C++,输出为 1.23e+002
```

✏️ 笔记：

提示：

（1）用 getchar()读入一个字符。getchar()是 stdio.h 中的库函数，它的作用是从 stdio 流中读入一个字符；键盘输入字符是先存入缓冲区，当按下回车键时，getchar 就会进入缓冲区读取字符。一次只读取第一个字符。输入的一串字符被读出来，是用 getchar 循环读取的结果。代码如下：

```
char m[40];
```

```
char n;
printf("Please input first str:\n");          //提示用户输入第一个字符串
scanf("%s", m);                                //获取用户第一个输入字符串
printf("You input str is :%s\n", m);           //输出用户输入的第一个字符串
printf("Input second char :\n");               //提示用户输入第二个字符
scanf("%c", &n);                               //获取用户的第二个字符
printf("Now you input second char is :%c\n", n);  //输出用户输入的第二个字符
```

运行程序时,提示如下信息:

```
Please input first str:
abc                                            //用户输入 abc
You input str is :abc
Input second char :
Now you input second char is :
```

也就是说,程序并没有等待第二次输出就执行完毕了,这是因为控制台一共获得了 4 个字符,分别是:a、b、c、回车(Enter)符。但是因为 scanf()方法遇到非字符的时候会结束从控制台的获取,所以在输入 abc 后,按下回车键的同时,将 abc 这个值以字符串的形式赋值给了类型为 char 的 m 数组,将回车符保存在控制台输入的缓冲区,继续执行下一段输出代码,然后又要求用户输入。此时,因为上一次被使用过后的字符串被保存在缓冲区,现在scanf()方法从控制台的缓冲区获取了上一次被使用过的字符串,并只截取第一个字符回车符,此时控制台缓冲区才算使用完了。所以在看似被跳过的输入,其实已经通过 scanf()方法获取输入了,这个输入就是一个回车符。

如果要跳过这个回车符,方法是在要求输入第 2 个字符之前加上"while(getchar()!='\n') continue;"就可以正确完成了,这里的 getchar 用来清除缓冲区的内容。

(2) 用 putchar 输出一个字符。putchar()是 C 语言中的一个函数,功能是向终端输出一个字符。putchar()函数包含在 C 标准库中,其输出可以是一个字符,可以是介于 0~127 的一个十进制整型数(包含 0 和 127),也可以是用 char 定义好的一个字符型变量。

以下代码输出 26 个大写英文字母。

```
int putchar(int char)
char ch;
for (ch = 'A'; ch <= 'Z'; ch++)
{
    putchar(ch);
}
```

习　　题

1. 选择题

(1) 以下合法的字符常量是(　　)。

A. '\101'　　　　B. 'ab'　　　　C. "\x41"　　　　D. "A"

(2) (　　)是C语言提供的合法的数据类型关键字。

A. double　　　B. float　　　　C. integer　　　D. char

(3) 在以下各组标识符中,合法的标识符是(　　)。

A. *p　　　　　B. k%　　　　　C. 0_t　　　　　D. _xy

(4) 在以下各组标识符中,不合法的标识符是(　　)。

A. pointer　　　B. table_1　　　C. void　　　　D. longdouble

(5) 在C语言中,要求参加运算的数必须为整数的运算符是(　　)。

A. %　　　　　B. *　　　　　　C. /　　　　　　D. =

(6) 在C语言中,字符型数据在内存中以(　　)形式存放。

A. 原码　　　　B. BCD码　　　C. 反码　　　　D. ASCII码

(7) 设x=2.5,y=4.7,a=7,算术表达式x+a%3*(int)(x+y)%2/4的值为(　　)。

A. 2.5　　　　　B. 7　　　　　　C. 47　　　　　D. 2.75

(8) 设a=10,a定义为整型变量,表达式a+=a-=a*=a的值为(　　)。

A. 100　　　　　B. 20　　　　　C. 0　　　　　　D. -80

(9) 下列数据中,是字符串常量的是(　　)。

A. 'a'　　　　　B. "house"　　　C. car　　　　　D. 'ab'

(10) 已知x为float型,执行语句(int)x后,x为(　　)型。

A. float　　　　B. double　　　C. int　　　　　D. 不确定

(11) putchar函数可以向终端输出一个(　　)。

A. 整型变量表达式　　　　　　　B. 实型变量值

C. 字符串　　　　　　　　　　　D. 字符或字符型变量值

(12) printf函数中用到格式符%5d,其中数字5表示输出的数字串占用5列。如果数字长度大于5,则输出采用的方式为(　　)。

A. 从左起输出该数字,右补空格　　B. 按原数字长从左向右全部输出

C. 右对齐输出该数字,左补空格　　D. 输出错误信息

(13) 以下说法不正确的是(　　)。

A. 在C语言程序中,逗号运算符的优先级最低

B. 在C语言程序中,Sum和sum是两个不同的变量

C. 若a和b类型相同,在计算了赋值表达式a=b后,b中的值将放入a中,而b中的值不变

D. 整型数据和浮点型数据不能放在一起混合运算

2. 简答题

(1) 简述C语言数据类型的分类。

(2) 简述字符型常量与字符串型常量的区别。

(3) 简述数据类型的混合运算规则。

(4) 简述运算符的优先级与结合性。

(5) 若"int a,b,c,d; a=045; b=a&3; c=a|6; d=a^4;",则a、b、c、d的十进制值为

多少？

(6) 华氏温度 F 与摄氏温度 C 的转换公式为：C=(F-32)*5/9，则"float C，F；C=5/9*(F-32)"是其对应的 C 语言表达式吗？如果不是，那是为什么？

(7) 假设 m 是一个 3 位数，试写出将 m 的个位、十位、百位反序而成的 3 位数的 C 语言表达式，比如 123 反序为 321。

3. 上机题

(1) 写出下列程序的运行结果。

```c
#include <stdio.h>
void main()
{
    int i, j, k;
    i = 10;
    k = i--;
    j = i++;
    printf("%d\t%d\t%d\n", i,j,k);
    k = --i;
    j = ++i;
    printf("%d\t%d\t%d\n", i, j, k);
}
```

(2) 写出下列程序的运行结果。

```c
#include <stdio.h>
void main()
{
    float x;
    int y;
    x = 8.88;
    y = (int)x;
    printf("x=%f, y=%d", x, y);
}
```

(3) 写出下列程序的运行结果。

```c
#include<stdio.h>
void main()
{
    char c1, c2;
    c1 = 97; c2 = 65;
    printf("%c, %c\n", c1, c2);
    printf("%d, %d\n", c1, c2);
}
```

(4) 写出下列程序的运行结果。

```c
#include <stdio.h>
void main()
{
    int i = 2;
    i += i -= i + i;
    printf("%d\n", i);
}
```

疑问 如果将 printf 语句代码改为 "printf("%d, %d \n", i, ++i);", 那么运行结果是什么？

解答：原来结果为 −4, printf 语句改为 "printf("%d,%d\n",i,++i);" 后, 结果为 "−3,−3"。

(5) 阅读以下程序, 在控制台中输入 110, 然后写出运行结果。

```c
#include <stdio.h>
int main()
{
    int a, b, c, d;
    scanf("%o", &a);
    b = a >> 2;
    c = ~(~0 << 4);
    d = b & c;
    printf("%d\n",a);
    printf("%d\n",b);
    printf("%d\n",c);
    printf("%d\n",d);
    return 0;
}
```

4. 程序设计题

(1) 编写一个程序, 已知三角形的三边长为 3、4、5, 求三角形的面积。

(2) 编写一个程序, 设圆的半径为 2.5, 求圆的周长和圆的面积。

✏️ **笔记**：

第4章 顺序结构

学习目标
- 了解结构化程序设计的三种基本结构。
- 掌握 C 程序的顺序结构的设计思想,并能在程序设计中加以运用。
- 掌握在 Visual Studio 集成环境中程序设计的基本方法。

技能基础

本章首先介绍 C 语言结构化程序设计的三种基本结构。然后通过温度转换实例来演示顺序结构的应用,再通过计算存款利息的实例加深顺序结构的设计思想。通过分析问题,编写调试程序,运行程序验证结果,巩固前几章的内容。通过自己的努力,一定会"长风破浪会有时,直挂云帆济沧海"。

结构化程序设计的基本思想是做到自顶向下、逐步求精、模块化。目的是对写入的程序的逻辑结构在理解和修改时更有效,也更容易。高级语言的程序控制结构包括顺序结构、分支结构和循环结构。这些控制结构在结构化程序设计中非常普遍,所以十分重要。

顺序结构的流程如图 4-1 所示。顺序结构先执行 A,再执行 B,执行顺序是自上而下依次执行。

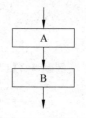

图 4-1 顺序结构

4.1 温度转换

顺序结构的程序设计是最简单,也是最常用的,只要按照解决问题的顺序写出相应的语句就行。下面的例子就是一个顺序结构,按照解决问题的顺序写出相应的语句。

【例题 4-1】 输入一个华氏温度,然后输出摄氏温度。转换公式如下:

$$摄氏温度 = (5.0 / 9) \times (华氏温度 - 32)$$

有人用温度计测量出用华氏温度 98°F,现在要求用 C 语言实现,把它转换为摄氏温度。输出要有文字说明,取 2 位小数。

程序代码如下:

```
1   #include <stdio.h>
2
3   void main() {
4       float fahrenheit, centigrade;
```

```
5       printf("请输入华氏温度\n");
6       scanf("%f", &fahrenheit);
7       centigrade = (5.0 / 9) * (fahrenheit - 32);
8       printf("华氏温度%.2f对应的摄氏温度是%.2f\n", fahrenheit, centigrade);
9   }
```

第 4 行代码 fahrenheit 表示华氏温度，centigrade 表示摄氏温度。

第 6 行代码 scanf("％f"，&fahrenheit)中的％f 表示读入一个小数。如果要读入整数，则使用％d。

第 8 行代码％.2f 表示输出时保留 2 位小数。

程序的运行结果如图 4-2 所示。

图 4-2　例题 4-1 程序的运行结果

提示：第 7 行代码将数学公式 5/9 中的 5 写成 5.0，否则 5/9 计算结果为 0。

4.2　计算存款利息

【例题 4-2】　一个人现有 1 万元本金（principal），想存一年，有活期、定期半年、定期一年三种方法可选择，请分别计算一年后所得本息和（principal and interest）。

根据银行提供的城乡居民的存款挂牌利率（interest rate）表，活期（current）年利率是 0.3％，定期（regular）半年年利率是 1.55％，定期一年年利率是 1.75％。

适应本题的数学公式如下：

$$本息和 = 本金 \times (1 + 年利率)$$

程序代码如下：

```
1   #include <stdio.h>
2   void main()
3   {
4       float interest_Rate1, interest_Rate2, interest_Rate3;  //定义浮点型利率变量
5       interest_Rate1 = 0.003;                                //活期年利率
6       interest_Rate2 = 0.0175;                               //定期一年年利率
7       interest_Rate3 = 0.0155;                               //定期半年年利率
8       float principal, pi1, pi2, pi3;                        //定义本金和本息和
9       principal = 10000;                                     //初始化本金
10      pi1 = principal * (1 + interest_Rate1);                //活期一年本息和
11      pi2 = principal * (1 + interest_Rate2);                //定期一年本息和
12      pi3 = principal * (1 + interest_Rate3 / 2) * (1 + interest_Rate3 / 2);
                                                               //定期半年而存一年本息和
```

```
13        printf("活期一年本息和:%.2f\n", pi1);
14        printf("定期一年本息和:%.2f\n", pi2);
15        printf("定期半年而存一年本息和:%.2f\n", pi3);
16    }
```

本例也是顺序结构程序设计的典型案例。程序从第一行代码执行,顺序执行到最后一行代码,中间没有跳跃,没有循环,没有分支。

程序的运行结果如图 4-3 所示。

图 4-3 例题 4-2 程序的运行结果

【例题 4-3】 存款利息计算。一个人有 1000 元,想存 5 年,可按以下 5 种方法存储:

(1) 一次存 5 年期。

(2) 先存 2 年期,到期后将本息再存 3 年期。

(3) 先存 3 年期,到期后将本息再存 2 年期。

(4) 先存 1 年期,到期后将本息再存 1 年期,连续存 5 次。

(5) 存活期存款。活期利息每一季度结算一次。

2021 年的银行存款利率如下:

1 年期定期存款利率为 1.75%;2 年期定期存款利率为 2.25%;3 年期定期存款利率为 2.75%;5 年期定期存款利率为 2.75%;活期存款利率为 0.30%(活期存款每一季度结算一次利息)。

如果 r 为年利率,n 为存款年数,则计算本息和的公式如下。

1 年期本息和:$p=1000*(1+r)$;n 年期本息和:$p=1000*(1+n*r)$;存 n 次 1 年期的本息和:$p=1000*(1+r)^n$;活期存款本息和:$p=1000*(1+r/4)^{4n}$。

程序代码如下:

```
1     #include <stdio.h>
2     #include <math.h>
3     int main()
4     {
5         float r5, r3, r2, r1, r0, p, p1, p2, p3, p4, p5;
6         p = 1000;                                    //本金
7         r5 = 0.0275;                                 //利率
8         r3 = 0.0275;
9         r2 = 0.025;
10        r1 = 0.0175;
11        r0 = 0.003;
12        p1 = p * (1 + 5 * r5);
13        p2 = p * (1 + 2 * r2) * (1 + 3 * r3);
14        p3 = p * (1 + 3 * r3) * (1 + 2 * r2);
```

```
15      p4 = p * pow(1 + r1, 5);
16      p5 = p * pow(1 + r0 / 4, 4 * 5);
17      printf("一次存 5 年%8.2f\n", p1);
18      printf("先存 2 年,再存 3 年%8.2f\n", p2);
19      printf("先存 3 年,再存 2 年%8.2f\n", p3);
20      printf("存 1 年,本息再存,连续 5 次%8.2f\n", p4);
21      printf("活期,每季度结算一次,5 年共 20 次%8.2f\n", p5);
22      return 0;
23  }
```

程序的运行结果如图 4-4 所示。

图 4-4　例题 4-3 程序的运行结果

习　　题

1. 选择题

(1) 若有以下定义和语句：

```
char c1='b',c2='e';
printf("%d,%c\n",c2-c1,c2-'a'+'A');
```

则输出结果是(　　)。

  A. 2,M   B. 3,E   C. 2,e   D. 输出结果不确定

(2) 若有"int a，b；"，则表达式"a＝2，b＝5，b＋＋，a＋b"的值是(　　)。

  A. 6   B. 7   C. 8   D. 2

(3) 有以下程序：

```
#include <stdio.h>
int main()
{
    int m = 65, n = 10;
    char c = 'a';
    printf("%c,%d,%d", m,c,n);
    return 0;
}
```

则输出结果是(　　)。

A. A,97,10　　　　B. a,97,10　　　　C. A,65,10　　　　D. 65,a,10

(4) 设变量 x 为 float 型且已赋值，则以下语句中能将 x 中的数值保留到小数点后两位，并将第三位四舍五入。则小数点第三位以后全为 0 的是（　　）。

A. x = (x * 100 + 0.5) / 100.0;
B. x=x*100+0.5/100.0;
C. x = (int)(x * 100 + 0.5) / 100.0;
D. x=(x/100+0.5)*100.0;

2. 简答题

(1) 计算以下表达式的值，并说出 a 的最终值是多少。

① a+=a; //a=12
② a*=2+3; //a=12
③ a%=(n%2); //a=12,n=5
④ a+=a-=a*=a; //a=12

(2) 若用 getchar 函数读入两个字符给 c1 和 c2，然后分别用 putchar 和 printf 函数输出这两个字符。请思考以下问题：

① 变量 c1 和 c2 应定义为字符型还是整型？或两者皆可？
② 要求输出 c1 值和 c2 值的 ASCII 码，应如何处理？用 putchar 函数还是 printf 函数？
③ 整型变量与字符型变量是否在任何情况下都可以互相替代？比如"char c1,c2"与"int c1,c2"是否无条件地等价？

3. 上机题

阅读以下程序，写出它的运行结果，要求注明输出格式。

```
#include <stdio.h>
int main()
{
    int a = 10, b = 11;
    int c = 0, d = 0;
    printf("%5d,%5d\n", a++, --b);
    printf("%5d", a && b);
    printf("%5d", !c);
    printf("%d\n", !a);
    printf("%5d", d += a);
    return 0;
}
```

4. 程序设计题

(1) 设圆半径 $r=1.5$，圆柱高 $h=3$，求圆周长、圆面积、圆球表面积、圆球体积、圆柱体体积。用 scanf() 函数输入数据，输出计算结果。输出时要求有文字说明，取小数点后 2 位数字。请编写程序。

(2) 编写一个程序,输入三角形的 3 个边长,判断能否构成三角形。如能构成,则计算并输出三角形的面积,否则输出出错信息。

提示:计算三角形面积使用海伦公式 area=$\sqrt{s(s-a)(s-b)(s-c)}$,其中 $s=\dfrac{a+b+c}{2}$。

(3) 编写一个程序,输入三角形的底和高,求三角形的面积。

(4) 编写一个程序,要求正确使用 getchar()、putchar()、gets()、puts() 4 个函数。

(5) 编写一个程序,从键盘上输入 2 名学生的语文、数学、英语成绩,求其总成绩、3 门课程的平均成绩。

(6) 编写一个程序,随机生成一个 3 位整数,比如这个 3 位整数是 138,再输出它的逆数 831。

(7) 编写一个程序,输入两个整数,输出商,如 1/4=0.25,12/4=3。

✎笔记:

第 5 章 选 择 结 构

学习目标
- 掌握 if 语句、if else 语句及嵌套 if 语句选择结构的设计思想,解决实际选择问题。
- 理解 switch 多路开关条件语句选择结构的设计思想,解决具有该特征的问题。
- 掌握 switch 语句结构中 break 及 default 的合理运用方法。

技能基础

本章首先介绍程序选择结构执行过程的流程图,然后着重介绍"选择结构 if 语句、if else 语句及嵌套的 if 语句"在实际案例中的应用,并介绍 switch 多路开关条件语句的选择结构的设计思想,举例说明如何用该结构解决实际问题。另外说明了 switch 语句结构中 break 及 default 的合理运用,然后通过案例"用 rand 猜数字"巩固所学知识。学习也是一种选择,"择其善者而从之,其不善者而改之"。

C 语言通过选择结构来实现对代码的选择执行。运行程序时,进行条件判断,如果条件满足,执行该部分代码;如果不满足,则执行另一部分代码。在 C 语言中,选择结构语句主要有 if…else…语句和 switch…case…语句。

if 语句的一般形式:

```
if (条件)  语句 1
[else  语句 2]
```

if…else…的结构流程图如图 5-1 所示。

在图 5-1 中,如果条件成立,则执行语句 1,否则执行语句 2;if 语句可以没有 else 语句。if…else…可以嵌套,else 一般是与最近的一个 if 结成一对。

比如,有两个整数 a 和 b,比较 a 与 b 的大小,并输出结果。代码如下:

```
if (a > b)
    printf("a 大于 b");
else
    printf("a 小于或等于 b");
```

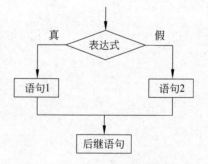

图 5-1 if…else…选择结构流程图

如果两个分支中需要执行的语句不止一条,必须用"{}"括起来。比如,有两个整数 a 和 b,比较 a 与 b 的大小,并输出 a 与 b 的差值 result。

```
if (a > b)
```

```
{
    result = a - b;
    printf("a 大于 b");
}
else
{
    result = b - a;
    printf("a 小于或等于 b");
}
```

switch 语句是多分支选择语句,对于实际应用中存在大量的多路分支问题,虽然可以用嵌套的 if 语句实现,但如果分支太多,嵌套的层次就会很深,这在一定程度上影响了程序的可读性。为此可以用直接实现多路选择的 switch 语句,switch 语句会根据一个判断表达式的结果来执行多个分支中的一个。

C 语言通过 switch 来实现多分支选择结构。switch 选择结构可以从多组语句中选择执行其中的部分语句。

switch 语句的格式如下:

```
switch(表达式)
{
    case 常量表达式 C1:语句组 1;break;
    case 常量表达式 C2:语句组 2;break;
    ...
    case 常量表达式 Cn:语句组 n;break;
    default:语句组 n+1;
}
```

其中 break 为跳出 switch 语句时使用。switch 语句的执行流程图如图 5-2 所示。

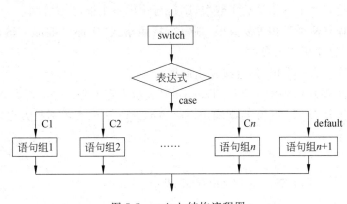

图 5-2　switch 结构流程图

把表达式的值与常量表达式的值做比较,如果相等,则执行对应的语句,后面的语句都将不执行,所以一般写成"case 语句;break;"。如果都不相等,则执行 default 后的语句。当然,case 里面的 break 不是每一个都是必需的,是根据实际需要加上的。遇到 break 后,后面的语句都不会被执行,否则要继续执行后继的语句。

假设某课程的分数在 1~99 分,则使用下列 switch 语句,可以输出相应评价。

```
int score;
scanf("%d", &score);
switch (score / 10)
{
    case 9:
        printf("优秀");
        break;
    case 8:
        printf("良好");
        break;
    case 6:
        printf("及格");
        break;
    default:
        printf("不及格");
        break;
}
```

5.1 用 if 与 else 求一元二次方程的根

【例题 5-1】 求解一元二次方程 $ax^2+bx+c=0(a\neq 0)$,其中系数 a、b、c 由键盘录入,可以是小数。输入格式:在一行中输入 3 个浮点系数 a、b、c,中间用空格分开。

输出要求:根据系数情况,输出不同结果。

(1) 如果方程有两个不相等的实数根,则每行输出一个根,先大后小。

(2) 如果方程有两个不相等复数根,则每行按照格式"实部+虚部 i"输出一个根,先输出虚部为正的,后输出虚部为负的。

(3) 如果方程只有一个根,则直接输出此根。

(4) 如果系数都为 0,则输出 Zero Equation(表示为零方程)。

(5) 如果 a 和 b 为 0,c 不为 0,则输出 Not An Equation(表示不是方程)。

输出结果如下:

输入样例 1:
2.1 8.9 3.5　　　　(注意:3 个数字用空格隔开)
输出样例 1:
-0.44
-3.80
输入样例 2:
1 2 3
输出样例 2:
-1.00+1.41i

-1.00-1.41i
输入样例 3:
0 2 4
输出样例 3:
-2.00
输入样例 4:
0 0 0
输出样例 4:
Zero Equation
输入样例 5:
0 0 1
输出样例 5:
Not An Equation

说明：

利用一元二次方程根的判别式 $\Delta=b^2-4ac$ 可以判断方程根的情况，$\Delta<0$ 时方程无实数根，但有 2 个共轭复根；$\Delta=0$ 时方程有两个相等的实数根；$\Delta>0$ 时方程有两个不相等的实数根。

本题要考虑一些特殊系数情况："a＝0,b＝0,c＝0"的情况,"a＝0,b＝0,c!＝0"的情况，以及"a＝1,b＝0,c＝1"的纯虚根情况。

程序源代码如下：

```
1   #include <stdio.h>
2   #include <math.h>
3   void main() {
4       double a, b, c, delta, real1, real2, imag1 = 0, imag2 = 0;
5       printf("请输入方程的 3 个系数\n");
6       scanf("%lf %lf %lf", &a, &b, &c);
7       delta = b * b - 4 * a * c;
8       //判断方程是否可解
9       if (a == 0 && b == 0 && c == 0) {
10          printf("零方程");
11      }
12      else if (a == 0 && b == 0 && c != 0) {
13          printf("不是方程");
14      }
15      else {
16          //对可解方程运算
17          if (a != 0) {
18              if (delta >= 0) {
19                  real1 = (-b + sqrt(delta)) / (2 * a);
20                  real2 = (-b - sqrt(delta)) / (2 * a);
21              }
22              else {
23                  real1 = real2 = (b == 0) ? 0 : (-b) / (2 * a);
```

```
24                imag1 = sqrt(-delta) / (2 * a);
25                imag2 = -imag1;
26            }
27        }
28        else {
29            real1 = real2 = -c / b;
30        }
31        //输出
32        if (imag1 == 0) {
33            printf("%.2lf\n", real1);
34            if (real1 != real2)printf("%.2lf\n", real2);
35        }
36        else {
37            printf("%.2lf%+.2lfi\n", real1, imag1);
38            printf("%.2lf%+.2lfi\n", real2, imag2);
39        }
40    }
41 }
```

第 6 行代码 scanf("%lf %lf %lf", &a, &b, &c)在输入时,如果不细心,会经常出错。主要原因是:这个代码中%后面是字母 l,不是数字 1。另外,前一个%lf 与后一个%lf 之间在输入数字时要有空格,即在测试时输入第一个数字后,然后输入空格,再输入第二个数字,再输入空格,再输入第三个数字。最后一个%lf 后面是没有空格的。在测试时,3 个数字用空格隔开。输入完第 3 个数字后,直接按回车键。

第 33 行、34 行、37 行和 38 行代码里面都有"%.2lf",这里也是字母 l,不是数字 1,并且 l 之前有".2",此时不要漏掉点号。另外,"%.2lf%+.2lfi\n"中有一个字母 i,表示虚部。

提示:第 38 行代码中,%+.2f 和%.2f 二者的结果保留 2 位小数,有是否有"+"的区别。如果数字是正数,即输出+号;如果数字是负数,即先输出-号,再输出绝对值。

另外,%f 代表单精度浮点型数据(float),%lf 代表双精度浮点型数据(double)。单精度浮点数有效位数为 7 位,双精度浮点数有效位数为 16 位。

程序的运行结果如图 5-3 所示。

图 5-3 例题 5-1 程序的运行结果

如果希望程序一直循环解方程,而不是每次都要重新启动程序,则需要在程序前加上以下代码:

```
1    while(1)
2    {
3        char ch;
```

```
4        printf("是否继续下组计算:(y/n)");
5        getchar();
6        scanf("%c", &ch);
7        if (ch == 'n')
8            break;
9        //添加代码
10   }
```

将这些解方程代码部分复制到上述第 9 行代码处，即可完成循环解方程。如果需要进行下一组解方程，就输入 y；不需要解方程时则输入 n，然后退出程序。

如果不想提示，一直解方程，则不需要上面第 3～9 行的代码，只要保留 while(1) 的这一个循环即可。然后将解方程的程序放到这个循环体内，程序的运行结果如图 5-4 所示。

图 5-4　循环解方程时程序的运行结果

✎笔记：

判断小数的计算结果是否等于 0 的技巧见下面的代码。

```
1    #include <stdio.h>
2    #include <math.h>
3    int main()
4    {
5        float a;
6        float b, c;
7        b = 2.0;
8        c = sqrt(2);
9        a = b - c * c;
```

```
10      if (a == 0)
11          printf("a==0");
12      else
13          printf("a!=0");
14      return 0;
15 }
```

疑问：在程序中定义了 int main() 函数,所以加上了第 14 行代码。程序设定 b=2.0,c=sqrt(2),然后检测 b-c^2=0 是否成立。按照数学计算结果为 0,但是程序运行结果却不是。思考一下,这是什么原因？

解答：这是为了判断浮点数是否相等。由于计算机保存的浮点数是二进制的,在精度上有一定的偏差。使用 if (表达式 == 0) 时,表达式不一定精确地等于 0,也许会等于 0.000001。为了避免浮点数比较上的误差,就要设定一个误差范围,也就是(−1e−6, 1e−6) 这个范围,如果表达式的值落在这个范围内,就认为其等于 0 了。所以一般判断表达式是否等于 0,程序中严谨的写法为 if(fabs(表达式)<=1e−6),其中 fabs( ) 是取绝对值函数。

5.2　用 if 与 else 判断闰年

　　算法(algorithm)是对特定问题求解步骤的一种描述,是指令的有限序列。一个算法的优劣可以用空间复杂度与时间复杂度来衡量。一个算法应该具有以下五个重要的特征：①有穷性(finiteness),是指算法必须能在执行有限个步骤之后终止；②确定性(definiteness),是指每一步骤必须有确切的定义；③可行性(effectiveness),是指每个计算步骤都可以在有限时间内完成。④输入(input),是指一个算法有 0 个或多个输入；⑤输出(output),是指一个算法有一个或多个输出。

　　算法的表示方法：自然语言、伪代码、流程图。下面结合例题 5-2 进行说明。

　　【例题 5-2】　根据用户输入年份,判断该年份是否为闰年。

　　闰年是指年份是 4 的倍数,且不是 100 的倍数的年份,比如 2004 年、2020 年等就是闰年;或者年份是 400 的倍数才是闰年,比如 1900 年不是闰年,2000 年是闰年。

　　(1) 用自然语言描述本例题的算法。

　　S1：读入整数 year,year 为被检测年份。

　　S2：若 year 不能被 4 整除,则输出"year 不是闰年"。

　　S3：若 year 能被 4 整除,不能被 100 整除,则输出"year 是闰年"。

　　S4：若 year 既能被 100 整除,又能被 400 整除,则输出"year 是闰年",否则输出"year 不是闰年"。

　　(2) 用伪代码表示本例题的算法。

读入整数 year;
if (year 被 4 整除)
{
    if (year 能被 100 整除)

```
        {
            if(year 能被 400 整除)
                {输出"year 是闰年"}
            else
                {输出"year 不是闰年"}
        else
            {输出"year 是闰年"}
        }
    else
        {输出"year 不是闰年"}
```

(3) 用流程图表示本例题的算法。

用 Visio 软件画流程图,如图 5-5 所示。需要注意的是,一个数能被 4 整除,也能被 100 整除,不一定能被 400 整除,比如 1900 这个数。

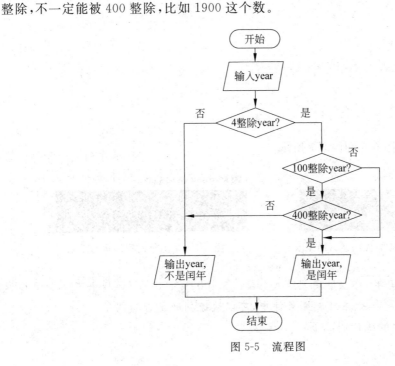

图 5-5　流程图

程序的源代码如下:

```
1    #include <stdio.h>
2    int main()
3    {
4        int year;
5        printf("请输入一个年份:\n");
6        scanf("%d", &year);
7        if (year % 4 == 0)
8        {
9            if (year % 100 == 0)
10           {
```

```
11          if (year % 400 == 0)
12          {
13              printf("%d 是闰年", year);
14          }
15          else
16          {
17              printf("%d 不是闰年", year);
18          }
19      }
20      else
21      {
22          printf("%d 是闰年", year);
23      }
24  }
25  else
26  {
27      printf("%d 不是闰年", year);
28  }
29  return 0;
30 }
```

程序的运行结果如图 5-6 和图 5-7 所示。

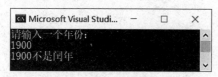

图 5-6　不是闰年的程序运行结果

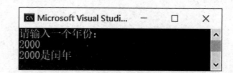

图 5-7　是闰年的程序运行结果

提示：判断是否为闰年，可以使用表达式"year ％ 400 ＝＝ 0 || (year ％ 4 ＝＝ 0 && year ％ 100 !＝ 0)"，并将其放在 if 判断条件中，可以快速判断是否为闰年。

使用表达式后，程序的源代码如下：

```
1   #include <stdio.h>
2   int main()
3   {
4       int year;
5       printf("请输入一个年份:\n");
6       scanf("%d", &year);
7       if (year % 400 == 0 || (year % 4 == 0 && year % 100 != 0))
8       {
9           printf("%d 是闰年", year);
10      }
11      else
12      {
13          printf("%d 不是闰年", year);
```

```
14      }
15      return 0;
16  }
```

5.3 用 rand 猜数字

【例题 5-3】 编程实现猜数字游戏。编写程序来产生一个整数为 1～100，包括 1 和 100。当这个数生成后，进入猜数字环节，请在键盘上输入所猜的数字，程序会显示猜高了、猜低了、猜对了。根据程序提示继续猜数，直到猜对为止。

提示：随机数运用 rand()函数可以产生，使用该函数首先应在开头包含头文件 stdlib.h，即♯include <stdlib.h>。但并不是产生真正意义上的随机数，因为 rand()生成随机数时需要一个种子，这个种子是计算伪随机序列的初始数值，如果种子相同，就会得到相同的序列结果，所以 rand()生成的随机数称为伪随机数。

再介绍一下头文件。

rand()函数包含在 C 的标准函数库头文件 stdlib.h 中，该文件到底存放在哪里呢？在 VS2019 开发环境中，当前项目有一个外部依赖项，展开即可以找到 stdlib.h 文件。打开文件，即可以查找到 rand()函数，显示的界面如图 5-8 所示。

图 5-8 stdlib.h 头文件

可以看到第 348 行，rand()函数返回值的最大值 RAND_MAX 为 0x7fff，也就是 32767。还可以看到第 352 行"int _cdecl rand(void);"，发现 rand()的返回值是 int 型，能返回 0～RAND_MAX 均匀分布的伪随机整数。当不设置随机数种子时，rand()在调用时会自动设随机数种子为 1，rand()产生的是伪随机数，每次执行时随机数是相同的。若要不同，则要设置不同的随机数种子，初始化的函数就是 srand()。

srand()用来设置 rand()产生随机数时使用的随机数种子。其参数必须是整数，通常可以利用 time(0)的返回值来当作参数，即添加代码 srand((unsigned int)time(0))。如果每次参数都设相同值，rand()所产生的随机数值每次就会一样。

猜数字游戏的具体实现代码如下：

```
1   #include <stdio.h>
2   #include <stdlib.h>
3   #include <time.h>
4   void hint() {
```

```
5        printf("1.开始游戏\n");
6        printf("0.退出游戏\n");
7        printf("请输入您的选择\n");
8    }
9    void guess() {
10       int x;
11       srand((unsigned int)time(0));
12       int answer=rand()%100+1;
13       while (1) {
14           printf("请输入您猜的数字\n");
15           scanf("%d", &x);
16           if (x>answer){
17               printf("高了\n");
18           }
19           else if(x<answer) {
20               printf("低了\n");
21           }
22           else {
23               printf("猜对了\n");
24               break;
25           }
26       }
27   }
28   int main() {
29       int num;
30       hint();
31       scanf("%d", &num);
32       system("cls");
33       if(num==1) {
34           guess();
35       }
36       if(num==0) {
37           printf("再见!\n");
38       }
39       return 0;
40   }
```

第4~8行代码为hint()函数,此函数的作用是提示是否要进行猜数字游戏,相当于游戏的选择菜单。在main()函数中会调用hint()函数。

第9~27行代码为guess()函数,此函数的作用是猜数字的过程。在main()函数中会调用guess()函数。

第32行代码system("cls")是在C语言程序中调用系统命令cls完成清屏操作。类似的,还有在C++中一般在main函数中的return之前添加system("pause"),在C语言中一般通过添加getchar(),就可以看清楚输出的结果,pause会输出"Press any key to continue..."或"按任意键关闭此窗口"。

第2行代码和第3行代码如果被删除,不使用include引用,可以测试一下,一般是可以运行的。

提示:用时间戳来改变每次产生的随机数序列"srand((unsigned int)time(0));",用rand()%100+1产生1~100的随机整数。需要注意的是,time(0)的返回值与srand()中的参数类型不同,srand()中参数类型为unsigned int型。为避免警告,需要进行类型强制转换。

猜数字游戏程序的运行结果如图5-9和图5-10所示。

图5-9 第1次运行结果

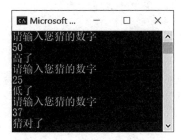

图5-10 第2次运行结果

可以看出,设置变化的时间戳作为随机种子后,生成的随机数组不再重复。第一次随机数为11,第二次为37。可以修改程序试试,如果不用随机种子,再猜两次,第二次就很好猜了。

猜数字的过程可使用折半查找方法,每次可以缩小约一半的范围查找,这样查找比较快速。

5.4 用switch选择天数

【例题5-4】 根据输入的月份输出该月的天数。一年共有12个月,每个月的天数略有差异,需要对不同的情况做不同的处理,这是一个典型的多路选择场景。

```
1    #include <stdio.h>
2    int main()
3    {
4        int month = 0;
5        int day = 0;
```

```
6        //输入查询的月份
7        printf("请用数字输入月份:\n");
8        scanf("%d", &month);
9        switch (month)
10       {
11       case 2:
12           printf("有 28 或 29 天\n");
13           break;
14       case 1:
15       case 3:
16       case 5:
17       case 7:
18       case 8:
19       case 10:
20       case 12:
21           printf("有 31 天\n");
22           break;
23       case 4:
24       case 6:
25       case 9:
26       case 11:
27           printf("有 30 天\n");
28           break;
29       default:
30           printf("输入的月份有错!\n");
31           break;
32       }
33       return 0;
34   }
```

在编写程序时,注意 switch 语句后是没有标点符号的,case 语句和 default 语句后是冒号,break 语句后是分号。

程序中先打印出 2 月的天数,在末尾添加 break 语句,然后当遇到 1 月、3 月、5 月、7 月、8 月、10 月和 12 月的天数相同,可打印出 31 天,所以这些 case 后面不要每条都加 break 语句,只要在 case 12 的后面加一条 break 就行了。因为进入执行分支后,会继续向下执行,到 case 12 分支后再执行 break 语句。另外,4 月、6 月、9 月、11 月的天数相同,都是 30 天,按前面的相同逻辑来进行处理就可以了。如果上述的条件都不满足,则输入的月份有错,那么会执行第 29 行代码开始的 default 语句。

【例题 5-5】 根据输入的分数输入成绩评价。若分数为 90 分以上则输出成绩为优秀,70 分以上为良好,60 分以上为及格,60 分以下为不及格。请用 switch…case…语句实现。
代码如下:

```
1   #include <stdio.h>
2   int main()
```

```
3    {
4        int score, temp;
5        printf("请输入成绩:");
6        scanf("%d", &score);
7        temp = score / 10;
8        switch (temp)
9        {
10            case 10:
11            case 9:printf("成绩为优秀\n"); break;
12            case 8:
13            case 7:printf("成绩为良好\n"); break;
14            case 6:printf("成绩为及格\n"); break;
15            case 5:
16            case 4:
17            case 3:
18            case 2:
19            case 1:
20            case 0:printf("成绩为不及格\n"); break;
21            default:printf("请输入100之内的成绩\n");
22            return 0;
23        }
24    }
```

程序中 temp 是成绩整除 10 后的结果数值,不是成绩。所以 case 后面的值是 10 到 0,而不是 100 到 0。如果可整除后为 10 或者 9,则执行第 11 行代码,输出成绩为优秀,依此类推。如果都不满足,则提示"请输入 100 之内的成绩"。

习　　题

1. 选择题

(1) 下列字符型变量 ch 是小写英文字母的表达式为(　　)。
　　A. 'a' <= ch <= 'z';　　　　　　　　B. ch >= 'a' && ch<= 'z';
　　C. ch >= a && ch<= z;　　　　　　　D. ch >= 'a' || ch<= 'z';

(2) 以下程序的运行结果为(　　)。
```
int m=5;
if(m++>5)
    printf("%d\n", m);
else
    printf("%d\n", m--);
```
　　A. 4　　　　　　　B. 5　　　　　　　C. 6　　　　　　　D. 7

2. 填空题

(1) 输入某年某月某天,判断这一天是这一年的第几天？补全程序。

```
#include <stdio.h>
int main()
{
    int year, month, day, sum, leap;
    printf("请输入年,月,日\n");
    scanf("%d,%d,%d", &year, &month, &day);
    switch (month)
    {
        case 1: sum = 0; break;
        case 2: sum = 31; break;
        case 3: sum = 59; break;
        case 4: sum = 90; break;
        _____
        case 6: sum = 151; break;
        case 7: sum = 181; break;
        case 8: sum = 212; break;
        case 9: sum = 243; break;
        case 10: sum = 273; break;
        case 11: sum = 304; break;
        case 12: sum = 334; break;
        default:printf("输入有误\n"); break;
    }
    sum += day;
    if _____        //判断是不是闰年
        leap = 1;
    else
        leap = 0;
    if (leap == 1 && month > 2)
        sum++;
    printf("是第%d天\n", sum);
    return 0;
}
```

(2) 以下程序的功能是统计长整数 n 的各个位上出现数字 1、2、3 的次数,分别由 c1、c2、c3 表示。比如,当 n=1234113250 时,结果应该为：c1＝3,c2＝2,c3＝2。请根据提示,将横线上的程序补充完整。

```
#include <stdio.h>
int main()
{
    long n = 1234113250L;
    int c1 = 0, c2 = 0, c3 = 0;
```

```
    printf("n=%ld\n", n);
    while (n)
    {
        switch (_____)           //n除以10的余数
        {
        case 1:
            c1++;
            break;
        case 2:
            c2++;
            _____
        case 3:
            c3++;
            break;
        }
        n /= 10;
    }
    printf("c1=%d,c2=%d,c3=%d\n",c1,c2,c3);
}
```

3. 上机题

写出下列程序的运行结果。

```
#include <stdio.h>
int main()
{
    int x = 1, y = 0, a = 0, b = 0;
    switch (x)
    {
        case 1:switch (y)
        {
            case 0: a++; break;
            case 1: b++; break;
        }
        case 2:a++; b++; break;
        case 3:a++; b++;
    }
    printf("a = % d, b = % d", a, b);
    return 0;
}
```

4. 程序设计题

（1）编写一个程序，若输入的是小写字母，则转换为大写字母输出；若输入的是大写字母，则转换为小写字母输出。

(2) 编写一个程序,从键盘上输入两个运算数 x、y 和一个运算符号 op,然后输出该运算结果的值。例如输入 3+5 后,按回车键得到结果 8;输入 5-3 后,按回车键得到结果 2;输入 3*5 后,按回车键得到结果 15;输入 3/5 后,按回车键得到结果 0.6。

(3) 有 3 个整数 a、b、c,由键盘输入,输出其中最大的数。

(4) 有 3 个整数 x、y、z,由键盘输入,请把这 3 个数按由小到大的顺序输出。

(5) 编程输入整数 a 和 b,若 a 大于 100,则输出 a 百位以上的数字,否则输出两数之和。

(6) 给出一百分制成绩,要求输出成绩等级 A、B、C、D、E。90 分以上为 A,80~89 分为 B,70~79 分为 C,60~69 分为 D,60 分以下为 E。

(7) 给出一个不多于 5 位的正整数,要求:①求出它是几位数;②分别打印出每一位数字;③按逆序打印出各位数字,例如原数是 321,应输出 123。

✎笔记:

第 6 章 循环结构

学习目标
- 掌握 C 语言的 for 和 while 循环结构的设计思想,并能灵活运用。
- 深入理解 for 循环结构的控制原理,并能熟练应用其解决具体问题。
- 深入理解 while 循环及 do while 循环的控制原理,并能灵活运用其解决相关问题。
- 具备解决多重循环的实际问题的能力。
- 能够在循环程序设计中灵活运用 break 及 continue 语句。

技能基础

本章首先分别介绍 for 循环结构、while 循环结构和 do while 循环结构,并举例讲述循环结构的程序,用 fort 循环打印水仙花数,用 while 逆序输出整数;接着讲解多重循环的设计思想,举例讲述用双重循环打印素数;然后是综合运用 if 选择结构和 while 循环结构求最大公约数和最小公倍数;最后是深入介绍 break 及 continue 语句在循环程序设计中的运行机制及其在程序中的实现。学习的过程也是"周而复始、精益求精"的过程。

C 语言通过循环结构来实现对代码的重复执行,运行程序时,进行条件判断,如果条件满足,重复执行该部分代码;如果不满足,则循环结束。在 C 语言中,循环结构语句主要有 for 语句、while 语句和 do...while 语句。

for 循环结构中有如下三个表达式结构。

1. for 语句的结构

for (表达式 1;表达式 2;表达式 3)
　　{循环语句;}　　//循环体

执行循环语句前,先执行表达式 1。当条件表达式 2 为真时执行循环语句,当执行完循环语句后执行表达式 3,直到条件表达式 2 为假时跳过循环语句,执行循环语句的下一条语句。

for 循环的流程图如图 6-1 所示。

在图 6-1 中,语句组就是循环体,表达式 2 为条件表达式。

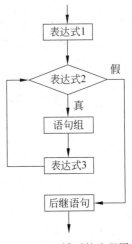

图 6-1 for 循环的流程图

【例题 6-1】 用 for 循环计算 1+2+3+…+100。

```
1   #include <stdio.h>
2   int main()
3   {
4       int sum, i;
```

```
5       for (sum = 0, i = 1; i <= 100; i++)
6       {
7           sum += i;
8       }
9       printf("%d\n", sum);
10      return 0;
11  }
```

程序的运行结果是5050。

循环结构 for 的表达式，表达式1是初始化表达式，其作用是赋初值。表达式2是循环判断表达式，表达式3是循环变量控制表达式。三个表达式都可以省略，但是分号必须保留。若表达式2为空，可能会造成死循环。

2. while 语句的结构

while 循环是一种简单的循环形式，当 while 后面的表达式为真时，执行循环。while 循环的流程图如图 6-2 所示。

while 语句的结构如下：

```
while (表达式)
    {循环语句;}    //循环体
```

执行循环语句前，先执行表达式。当条件表达式为真时执行循环语句；当条件表达式为假时跳过循环语句，执行循环语句的下一条语句。

【例题 6-2】 用 while 循环计算 $1+2+3+\cdots+100$。

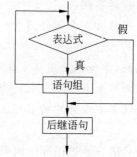

图 6-2 while 循环的流程图

```
1   #include <stdio.h>
2   int main()
3   {
4       int sum = 0;
5       int i = 1;
6       while (i <= 100)
7       {
8           sum += i;
9           i++;
10      }
11      printf("%d\n", sum);
12      return 0;
13  }
```

程序运行结果是 5050。

循环结构 while 与 for 有相似之处，两者可以相互转化。以下是 for 语句。

```
for (表达式1;表达式2;表达式3)
{操作语句;}
```

若使用 while 循环,则可以改为

表达式 1;
while (表达式 2)
{
　　操作;
　　表达式 3;
}

3. do...while 语句的结构

do
　　{循环语句;}　　//循环体
while (表达式);

先执行循环语句一次,再计算表达式,当条件表达式为真时执行循环语句;当条件表达式为假时跳过循环语句,执行循环语句的下一条语句。

在图 6-3 中,先执行语句组一次,再计算表达式,若为真,则继续执行语句组;若为假,则执行后继语句。

【例题 6-3】 用 do...while 循环计算 $1+2+3+\cdots+100$。

```
1    #include <stdio.h>
2    int main()
3    {
4        int sum = 0;
5        int i = 1;
6        do
7        {
8            sum += i;
9            i++;
10       } while (i <= 100);
11       printf("%d\n", sum);
12       return 0;
13   }
```

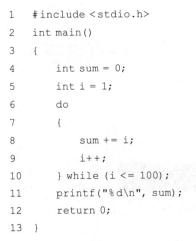

图 6-3　do...while 循环的流程图

程序的运行结果是 5050。

用 do...while 循环时,循环体至少执行一次;而用 while 循环时,可以一次也不会执行。一个是先执行再判断,另一个是先判断再执行,两者有区别。

通过以上的案例,可以看出三种循环可以相互转化。

6.1　用 for 打印水仙花数

【例题 6-4】 编程输出所有的水仙花数。水仙花数是指一个 3 位整数,它的每个位上的数字的 3 次幂之和等于它本身。例如,$1^3+5^3+3^3=153$,153 即为一个水仙花数。

提示：水仙花是中国十大传统名花之一，花瓣多为6片，花瓣末端呈鹅黄色，白花比较多，鳞茎与洋葱和大蒜相似。

分析：最重要的是要把给出的3位数的个位、十位、百位分别拆分，并求其立方和。

```
1    #include <stdio.h>
2    int main()
3    {
4        int hun,ten,ind,num;
5        printf("result is:");
6        for(num=100;num<1000;num++)
7        {
8            hun=num/100;
9            ten=num/10%10;
10           ind=num%10;
11           if(num==hun*hun*hun+ten*ten*ten+ind*ind*ind)
12               printf("%d  ",num);
13       }
14       printf("\n");
15       return 0;
16   }
```

第4行代码hun表示百位，ten表示十位，ind表示个位。

第8～10行代码分别求出3位数百位、十位和个位。求百位还可用num/100%10。

第11行代码是判断是否为水仙花数，也可以写成pow(hun,3)+pow(ten,3)+pow(ind,3)==num，要加上引用#include<math.h>。

程序的运行结果如图6-4所示。

图6-4 例题6-4程序的运行结果

可以计算出153、370、371、407是水仙花数。

6.2 用while逆序输出整数

【例题6-5】 输入一个不多于5位的正整数，要求：

(1) 求出它是几位数；

(2) 分别输出每一位数；

(3) 按逆序输出各位数字，例如原数为321，应输出123。

分析：如果按照"水仙花数"去计算个位、十位、百位、千位和万位，则可以完成本题的要求，但是比较麻烦。一个简单的方法是把整数当作字符串来处理。

```c
1   #include <stdio.h>
2   int main()
3   {
4       int num;
5       char szBuffer[6] = { 0 };
6       while (1)
7       {
8           printf("请输入一个五位整数:\n");
9           scanf("%d",&num);
10          if (num>0&&num<=99999)
11          {
12              break;
13          }
14      }
15      sprintf(szBuffer, "%d", num);
16      int length = strlen(szBuffer);
17      printf("是%d位数\n",length);
18      printf("每位数字为:");
19      for (int i = 0; i <=length-1; i++)
20      {
21          printf("%c,", szBuffer[i]);
22      }
23      printf("\n逆序输出这个数:");
24      for (int i = length-1; i >=0; i--)
25      {
26          printf("%c",szBuffer[i]);
27      }
28      return 0;
29  }
```

第 5 行代码使用初始化数组的方式。初始化一个长度为 6 的字符数组，每个元素的值为 0，用于将正整数存储为字符串。

第 10～13 行代码中，如果是 5 位以下的正整数，跳出循环，符合要求，后面的代码会对这个数进行处理。

第 15 行代码中，"sprintf(char＊，const char＊，...);"将正整数转换为字符串，第一个参数表示输出到缓冲区，第二个参数表示输出格式。

第 16 行代码中，求出正整数长度，也就是字符串长度。

第 19～22 行代码中，分别输出每一位，注意使用%c 输出字符。

第 24～27 行代码中，倒序输出字符串，分别输出每一位字符。

程序的运行结果如图 6-5 所示。

图 6-5 例题 6-5 程序的运行结果

6.3 用双重循环打印素数

【例题 6-6】 编程输出 100～200 所有素数,并统计素数的个数。

提示:素数(prime)又称质数,是一个大于 1 的自然数,除了 1 和它自身外,不能被其他自然数整除,例如 2、3、5、7、11、13、17 等。

程序代码如下:

```
1   #include<stdio.h>
2   #include<math.h>
3   int main()
4   {
5       int num,square_root,prime,count=0,leap=1;
6       for(num=101;num<=200;num++)
7       {
8           square_root=sqrt(num);
9           for(int i=2;i<=square_root;i++)
10          {
11              if (num%i==0)
12              {
13                  leap=0;
14                  break;
15              }
16          }
17          if(leap)
18          {
19              printf("%-4d",num);
20              count++;
21              if (count%10==0)
22                  printf("\n");
23          }
24          leap=1;
25      }
26      printf("\n The total is %d\n",count);
27      return 0;
28  }
```

第 5 行代码中,变量 square_root 表示求这个数 num 的算术平方根的整数值;count 用来统计素数的个数；leap=1表示这个数是素数，不跳过。

第8行代码用到求数的算术平方根sqrt()函数，要包含头文件#include <math.h>。sqrt()函数返回的是double类型，在程序中再次赋值给整型变量square_root。也就是说，将实型数据（包括单精度型、双精度型）赋给整型变量时，先对实数取整，舍去小数部分，然后赋予整型变量中。

第9行代码开始的两重for循环，作用是用num去除以小于或等于这个数的平方根square_root的所有数。如果能够整除，则说明这个数num不是素数，也就是说明这个数可以被分解成除1和它本身以外的自然数因子相乘。

第13行代码中，如果当前数不是素数，则跳过该数字，用leap=0表示跳过该数字。

第14行代码用到关键字break，break表示提前结束循环，通常用于循环语句和switch语句中。在本例题中，是跳出内层的for循环，而不是外层的for循环。

第21行和第22行代码表示，每次打印输出10个数字后换行，这样做的好处是便于观察有多少个数字。是否有这两行代码，对程序结果没有影响。

程序的运行结果如图6-6所示。

图6-6 例题6-6程序的运行结果

提示：用break语句可以提前结束循环。break语句通常用于循环语句和switch语句中。

6.4 用if与while求最大公约数和最小公倍数

【例题6-7】 输入两个正整数，求其最大公约数和最小公倍数。

分析：利用辗转相除法，先求得两个整数的最大公约数，再求最小公倍数，因为最小公倍数需要用到最大公约数。

```
1   #include <stdio.h>
2   int main()
3   {
4       int a, b, num1, num2, temp;
5       printf("请输入两个正整数：\n");
6       scanf("%d,%d", &num1, &num2);
7       if (num1 < num2)
8       {
9           temp = num1;
10          num1 = num2;
```

```
11              num2 = temp;
12          }
13          a = num1; b = num2;
14          while (b != 0)
15          {
16              temp = a % b;
17              a = b;
18              b = temp;
19          }
20          printf("最大公约数是:%d\n", a);
21          printf("最小公倍数是:%d\n", num1 * num2 / a);
22          return 0;
23      }
```

第 7～12 行代码为选择结构 if 用法，功能是交换两个数，使 num1＞num2。

第 13 行代码是为了保留 num1 和 num2 两个数，最后求最小公倍数时，要计算这两个数的积。最小公倍数＝num1×num2/最大公约数。

第 14～19 行代码为循环 while 用法，利用辗转相除法求最大公约数。

第 16 行代码为计算 a 和 b 相除后的余数 temp，若余数 temp 为 0，则算法结束，但是在程序中是判断 b 是否为 0，那是因为第 18 行代码 temp 的值已经赋值给了 b，所以写成了 while(b!=0)。另一个原因，如果第 14 行代码直接写成 while(temp!=0)，程序运行时可能就会报错，报错的原因是程序运行时，如果输入的 num1＞num2，temp 初始化没有赋值，所以在判断 temp!=0 时报错。

程序的运行结果如图 6-7 所示。

图 6-7 例题 6-7 程序的运行结果

注意：输入数据时，要看源代码中 scanf() 的写法。在程序中第 6 行代码是"scanf("%d,%d", &num1, &num2);"，两个%d 是有逗号的，所以输入"24,36"，而不是"24 36"（中间有一个空格），初学编程时在这些地方容易犯错。

✎笔记：

_____

_____

_____

提示：辗转相除法又称为欧几里得算法，计算正整数 a 和 b 的最大公约数。思路第一步是：设 a＞b，计算 a 和 b 相除后的余数 temp，若余数 temp 为 0，则算法结束，b 为最大公约数；若余数 temp 不为 0，则轮换。具体做法是：b 赋值给 a，temp 再赋值给 b，然后返回第一步，辗转往复即可。

6.5　break 和 continue

1. break 语句

break 语句经常用在 switch...case 语句中,用于跳出当前选择。还经常用于 for、while、do...while 循环中,用于跳出循环,终止本层循环。

下面的代码中,如果一个数的立方(cube)大于 100,则不要打印,否则打印这个数的三次方值。当一个数的三次方大于 100 时,break 语句发挥作用,用于终止 for 循环,不要再继续执行循环了。break 语句发挥作用后,其后的语句将不再被执行,本层的循环也终止。

```
int i;
int cube;
for ( i = 0; i <=20; i++)
{
    cube = i * i * i;
    if (cube > 100)
        break;
    printf("乘积是%d\n", cube);
}
```

2. continue 语句

continue 语句也经常用于 for、while、do...while 循环中,用于终止本次循环,再开始下一次循环,这一点与 break 类似但也有所不同。实际上相当于在循环结构中增加了选择结构。

```
char c = 0;
while (c != '\n')
{                       //回车键结束循环
    c = getchar();
    if (c == '4' || c == '5')
    {                   //按下的是数字键 4 或 5
        continue;       //跳过当次循环,进入下次循环
    }
    putchar(c);
}
```

习　题

1. 选择题

(1) 以下叙述中正确的是(　　)。

A. break 语句只能用于 switch 语句中

B. continue 语句的作用是使程序的执行流程跳出包含它的所有循环

C. break 语句用在循环体内和 switch 语句体内

D. 在循环体内使用 break 语句和 continue 语句的作用相同

(2) 下面程序的运行结果是(　　)。

```c
#include <stdio.h>
int main()
{
    int y = 10;
    do
    {
        y--;
    } while (--y);
    printf("%d\n",y--);
    return 0;
}
```

  A. 8   B. −1   C. 0   D. 1

2. 填空题

(1) 有数字 1、2、3、4，能组成多少个互不相同且无重复的数字的三位数？下面的程序用于输出这些数字。请补全程序。

```c
#include <stdio.h>
int main()
{
    int i, j, k;
    for ( i = 1; i < 5; i++)
    {
        for ( j = 1; j < 5; j++)
        {
            for ( k = 1; k < 5; k++)
            {
                if ( _____ )
                    printf("%d%d%d\n",i,j,k);
            }
        }
    }
    return 0;
}
```

(2) 统计 101～200 中有多少个素数，并输出所有素数。请补全程序。

```c
#include <stdio.h>
#include <math.h>                    //用到求平方根 sqrt()函数
```

```c
int main()
{
    int i, j, k, count = 0, leap = 1;    //count 用于统计个数
    for (i = 101; i <= 200; i++)
    {
        k = sqrt(i);
        for (j = 2; j < k; j++)
        {
            if (i % j == 0)
            {
                _____            //不是素数
                break;
            }
        }
        if (leap)                         //是素数
        {
            printf("%-4d", i);
            _____                //统计个数
        }
        _____                    //默认是素数
    }
    printf("\n一共有%d个素数\n", count);
    return 0;
}
```

(3) 将一个正整数 number 分解成若干质因数，比如 $90=2×3×3×5$，过程如下。

① 先找到一个最小的质数 i，如果 number 与 i 相等，则说明分解过程结束，应打印 i 的值。

② 如果 number 与 i 不相等，但如果 number 能被 i 整除，则应打印 i 的值，并用商作为新的 number，重复执行①。

③ 如果 number 能不被 i 整除，则用 i+2 作为新的 i 的值，重复执行①。请补全代码。

```c
#include<stdio.h>
main()
{
    int number, i;
    printf("请输入一个正整数\n");
    scanf("%d",&number);
    for ( i = 2; i < number; i++)
    {
        while (number!=i)
        {
            if ( _____ )         //如果 number 能被 i 整除
            {
                printf("%d* ",i);
```

```
            }                       //商作为新的number
            else
            {
                break;
            }
        }
    }
    printf("%d",number);
    return 0;
}
```

3. 上机题

(1) 写出下列程序的运行结果。

```
#include <stdio.h>
int main()
{
    int i;
    printf("打印闰年\n");
    for (i = 1990; i <= 2030; i++)
    {
        if (i % 4 == 0 && i % 100 != 0 || i % 400 == 0)
        {
            printf("%d ", i);
        }
    }
    return 0;
}
```

(2) 运行以下程序,输入一句含有大小写字母的语句,写出运行结果。

```
#include <stdio.h>
int main()
{
    int m = 0, n = 0;
    char c;
    while ((c=getchar())!='\n')
    {
        if (c >= 'A' && c <= 'Z')
            m++;
        if (c >= 'a' && c <= 'z')
            n++;
    }
    printf("大写字母有%d个\n",m);
    printf("小写字母有%d个\n",n);
```

        return 0;
}

（3）运行以下程序，写出运行结果。

```c
#include <stdio.h>
int main()
{
    int i = 1, j;
    while (1)
    {                                       //外层循环
        j = 1;
        while (1)
        {                                   //内层循环
            printf("%-4d", i * j);
            j++;
            if (j > 4) break;               //跳出内层循环
        }
        printf("\n");
        i++;
        if (i > 4) break;                   //跳出外层循环
    }
    return 0;
}
```

（4）阅读以下程序，写出运行结果。

```c
#include <stdio.h>
int main()
{
    int i, j;
    for (i = 1; i < 4; i++)
    {
        for (j = i; j < 4; j++)
            printf("%d+%d=%d", i, j, i + j);
        printf("\n");
    }
    return 0;
}
```

（5）请阅读以下程序，解释 continue 与 break 的作用，输出半径 r 的范围是多少？

```c
#include <stdio.h>
int main()
{
    int r;
    float pi = 3.1415;
```

```
    float area;
    for (r = 1;; r++)
    {
        area = pi * r * r;
        if (area < 50)
            continue;
        if (area > 250)
            break;
        printf("r=%d,area is %.3f\n", r, area);
    }
    return 0;
}
```

4. 程序设计题

(1) 输入一行字符,分别统计出其中英文字母、空格、数字和其他字符的个数。

提示：使用 while(c=getchar()!='\n'),英文字母在 a~z 或 A~Z,数字在'0'~'9'。

(2) 求 1！+2！+3！+…+19！+20！。注意,结果数值比较大,建议使用％ld 或％e 输出结果。

(3) 有一个分数数列,求出这个数列前 20 项之和。

(4) 打印出所有的"水仙花数"。所谓"水仙花数"是指一个 3 位数,其各位数字立方之和等于该数本身。

(5) 编写一个程序,输出以下九九乘法口诀表。

```
1×1=1
1×2=2   2×2=4
1×3=3   2×3=6   3×3=9
1×4=4   2×4=8   3×4=12  4×4=16
1×5=5   2×5=10  3×5=15  4×5=20  5×5=25
1×6=6   2×6=12  3×6=18  4×6=24  5×6=30  6×6=36
1×7=7   2×7=14  3×7=21  4×7=28  5×7=35  6×7=42  7×7=49
1×8=8   2×8=16  3×8=24  4×8=32  5×8=40  6×8=48  7×8=56  8×8=64
1×9=9   2×9=18  3×9=27  4×9=36  5×9=45  6×9=54  7×9=63  8×9=72  9×9=81
```

(6) 编写一个程序,输出以下矩阵。

$$\begin{bmatrix} 1 & 2 & 3 & 4 & 5 \\ 6 & 7 & 8 & 9 & 10 \\ 11 & 12 & 13 & 14 & 15 \\ 16 & 17 & 18 & 19 & 20 \end{bmatrix}$$

(7) 在全班 30 个学生中征集爱心捐款,当总数达到 200 元时就结束,统计此时的捐款人数,以及平均每人捐款的数目。

(8) 编写一个程序,输出以下菱形。

```
            *
           ***
          *****
         *******
          *****
           ***
            *
```

(9) 编写一个程序,定义阶乘函数 int factorial(int number),要求用递归实现。在主函数中调用阶乘函数,从键盘上输入 n,输出 n!。

(10) 编写一个程序,解决猴子吃桃问题。猴子第 1 天摘下若干个桃子,当即吃了一半,还不过瘾,又多吃了一个。第 2 天早上又将剩下的桃子吃掉一半,又多吃了一个。以后每天早上都吃了前一天剩下的一半,再多吃一个,到第 10 天早上想再吃时,就只剩下一个桃子了,求第 1 天共摘了多少个桃子。

(11) 有一个球从 100 米的高度下落,每次落下后反弹回原高度的一半,再落下,求它在第 10 次落地共经过多少米,第 10 次反弹多高。

(12) 输入两个正整数 m 和 n,求其最大公约数和最小公倍数。

(13) 编程求级数 $e=1+\dfrac{1}{1!}+\dfrac{1}{2!}+\dfrac{1}{3!}+\cdots+\dfrac{1}{n!}$。

求 n 项,n 由键盘输入,最后一项小于 10^{-6} 时结束。

✎笔记:

_____

_____

_____

_____

第 7 章 数 组

学习目标
- 熟练掌握一维数组的定义、初始化及数组元素的引用。
- 熟练掌握二维数组的定义、初始化及其元素的引用。
- 能够根据实际情况恰当地运用一维数组、二维数组解决实际问题。
- 掌握字符数组的定义及存储特点,并掌握其输入/输出方法。

技能基础

本章首先介绍数组的概念,然后介绍一维数组、二维数组和字符数组的相关知识。详细介绍常用字符串的处理函数,最后从数组实际应用的角度出发,重点讲解二维数组转置的编程实现,举例说明数组作为函数参数的应用,为后继章节的函数学习奠定基础。数组犹如生活中的团队,"柴多火旺,水涨船高""一花独放不是春,百花齐放春满园"。

前面项目里所涉及的数据类型基本上都是属于整型、字符型、实型的数据,它们是简单数据类型。但是对于某些数据对象,需要使用某种特殊的类型来表示。比如某个班级学生的年龄,如果用字符型变量来表示,可能需要几十个这样的变量,显然不是很方便。

因为这些数据都是属于同一类型,所以可以用数组(array)来表示,age 表示数组名,[下标数字]代表某个学生的序号,比如 age[0]代表第 1 个学生的年龄,age[1]代表第 2 个学生的年龄,age[2]代表第 3 个学生的年龄。

简单地说,数组是有序的同种数据类型的若干个数据组成的一个整体。数组中的每一个数据元素用"数组名[下标]"来表示。

7.1 一维数组

1. 定义一维数组

定义一维数组的格式及示例如下:

类型符 数组名[常量表达式];
```
int age[30];
```

该示例表示是一个整型数组,数组名为 age,包含 30 个元素,每一个元素都是整型。

数组元素的下标规定是从 0 开始的,所以 age[30]包含的元素是 age[0]、age[1]、…、age[29],而不是 age[1]、age[2]、…、age[30]。

数组的长度也是表示元素的个数,在定义时需要确定,使用过程中不可以改变。

"int a[100];"表示定义一个数组名为 a,存储 100 个 int 类型的数组,其元素分别是 a[0]～a[99]。

"float b[10];"表示数组名为 b 且存储了 10 个 float 类型的数组,其元素分别是 b[0]～b[9]。

"char c[256];"表示定义一个数组名为 c 的字符型数组,长度为 256,其元素分别是 c[0]～c[255]。

2. 引用一维数组元素

一般引用表示如下:

数组名[下标]

比如 age[0]表示数组 age 的第 1 个元素,age[20]表示数组 age 的第 21 个元素。

定义数组时用"数组名[常量表达式]"和引用数组元素时用"数组名[下标]",虽然在形式上是类似的,但是有差别,定义时前面必须加上数据类型,而且两者含义上也是不同的。

比如 int a[10]表示数组长度为 10,而 a[5]表示数组 a 中的第 6 个元素。注意该数组没有 a[10]这个元素,最后一个数组元素是 a[9]。

【例题 7-1】 输入 4 个整数,存入数组中,顺序输出数组元素,并求出最大值。

```
1    #include <stdio.h>
2    int main()
3    {
4        int i, max, a[4];
5        printf("请输入 4 个整数:\n");
6        for (i = 0; i < 4; i++)
7        {
8            scanf("%d",&a[i]);
9        }
10       max = a[0];
11       for (i = 0; i < 4; i++)
12       {
13           printf("\t%d", a[i]);
14           if (a[i] > max)
15               max = a[i];
16       }
17       printf("\n 最大值是%d\n",max);
18       return 0;
19   }
```

程序的运行结果如图 7-1 所示。

第 4 行代码 int a[4]定义了 4 个整型元素。

第 6～9 行代码 for 循环是输入数据到数组中。

第 11～16 行代码 for 循环是输出数组中的数据,并取得最大值 max。语句 printf("\

图 7-1 例题 7-1 程序的运行结果

t%d", a[i])中的\t 表示按制表符位置打印数组中的数据。这样使用的优点是：如果有大量数据，则输出比较整齐。

疑问 如果要逆序输出，怎么办呢？

解答：参考下面程序的写法。

```
1   for (i = 3;i <= 0;i--)
2   {
3       printf("%d ", a[i]);              //逆序输出
4   }
```

上述程序中，使用 for 循环初始化数组，是一种比较常用的方法，应该熟练掌握。

C 语言对数组的初始化赋值还有以下几点规定。

（1）可以只对部分元素赋值，没有赋值的元素如果是 int 类型，则默认为是 0；如果是 char 类型，则没有赋值元素全部为'\0'。

例如，int a[5]={1,2,3}表示只给 a[0]、a[1]、a[2]赋值，a[3]和 a[4]默认赋值为 0。

（2）只能给元素逐个赋值，不能给数组整体赋值。例如，要给 5 个元素全部赋值为 1，可以写成 int a[5]={1,1,1,1,1}，但是不能写成 int a[5]=1。

（3）如果给全部元素赋值，在数组定义时，可以不给出数组的长度。例如，"int a[]={1,1,1,1,1};"作用相当于"int a[5]={1,1,1,1,1};"。

疑问 在 Java 中，可以用 a.length()获取数组 a 的长度。在 C 语言中，如何通过编程的手段获取某个数组的长度呢？

解答：因为数组中每个元素的类型都是一样的，所以，数组的长度＝（获得整个数组在内存中所占的字节数）/（获得一个元素数据类型或变量在内存中所占的字节数）。也就是总的字节数除以一个元素所占的字节数，数组的长度 length = sizeof(a) / sizeof(a[0])。

```
1   #include <stdio.h>
2   int main(void)
3   {
4       int a[8] = { 1,2,3,4,5 };
5       int length = sizeof(a) / sizeof(a[0]);
6       printf("length = %d\n", length);
7       return 0;
8   }
```

程序的运行结果是 length＝8。

这样不管数组是增加还是减少元素，sizeof(a)/sizeof(a[0])都能自动求出数组的长度。需要注意的是：求出的是数组的总长度，而不是数组中存放的有意义数据的个数。上述程

序的运行结果是 8,而不是实际存储数据的个数 5。

【例题 7-2】 求 Fibonacci 数列的前若干个数。这个数列有以下特点:第 1 个数为 1,第 2 个数也为 1。从第 3 个数开始,该数是其前两个数之和。

解题思路:从前两个月的兔子数可以推出第 3 个月的兔子数。设第 1 个月的兔子数 f1=1,第 2 个月的兔子数为 f2=1,第 3 个月的兔子数 f3=f1+f2=2。

```
1   #include <stdio.h>
2   int main()
3   {
4       int i, num, f[20] = {1,1};
5       printf("需要输出数据的个数:");
6       scanf("%d", &num);
7       printf("%d %d ",1,1);
8       for(i = 2;i<num;i++)
9       {
10          f[i]= f[i-2] + f[i-1];
11          printf("%d ", f[i]);
12      }
13  }
```

程序的运行结果如图 7-2 所示。

图 7-2　例题 7-2 程序的运行结果

第 4 行代码 int f[20]={1,1}定义了一个长度为 20 的整型数组,前两个元素分别是 1 和 1。

第 10 行代码 f[i]=f[i−2]+f[i−1]反映了斐波那契数列的递推关系。

斐波那契数列(Fibonacci sequence)又称黄金分割数列,因数学家莱昂纳多·斐波那契(Leonardo Fibonacci)以兔子繁殖为例子而引入,故又称为"兔子数列",指的是这样一个数列:1、1、2、3、5、8、13、21、34、……。在数学上,斐波那契数列以递推的方法定义:$F(0)=0$,$F(1)=1$,$F(n)=F(n-1)+F(n-2)(n\geqslant 2,n\in N^*)$。

7.2　二维数组

二维数组的定义方法如下:

类型名 数组名[常量表达式][常量表达式]

例如,int a[2][3] 表示一个包含 2 行 3 列共计 6 个整型的元素,分别是 a[0][0]、a[0][1]、a[0][2]、a[1][0]、a[1][1]、a[1][2]。

二维数组的初始化方法。

（1）分行初始化：

int a[2][3]={{1,2,3},{4,5,6}};

（2）按顺序初始化：

int a[2][3]={1,2,3,4,5,6};

效果与（1）相同。如果对全部元素都赋值，则定义数组时，对第一维的长度可以不指定，但第二维的长度必须指定。例如：

int a[ ][3]={1,2,3,4,5,6};

（3）部分元素初始化："int a[2][3]={{1},{4}};"只对两个数组赋值：a[0][0]=1,a[1][0]=4。

【例题7-3】 已经二维数组为"int array[4][4] = {{0,1,2,3},{4,5,6,7},{8,9,10,11},{12,13,14,15}};"，求二维数组的转置，类似于数学中矩阵的转置。

```
1    #include <stdio.h>
2    #define SIZE 4
3
4    void print_array(int array[SIZE][SIZE])
5    {
6        int i, j;
7        for (i = 0; i < SIZE; ++i)
8        {
9            for (j = 0; j < SIZE; ++j)
10               printf("\t%-4d", array[i][j]);
11           printf("\n");
12       }
13   }
14
15   void transpose_array(int array[SIZE][SIZE], int transpose[SIZE][SIZE])
16   {
17       int i, j;
18       for (i = 0; i < SIZE; ++i)
19       {
20           for (j = 0; j < SIZE; ++j)
21               transpose[j][i] = array[i][j];
22       }
23   }
24
25   int main()
26   {
27       int array[SIZE][SIZE] = { {0, 1, 2, 3},
28                                 {4, 5, 6, 7},
29                                 {8, 9, 10, 11},
```

```
30                          {12, 13, 14, 15} };
31      int transpose[SIZE][SIZE] = { 0 };
32      printf("转置前的数组是:\n");              //打印二维数组
33      print_array(array);
34      transpose_array(array, transpose);      //*将数组转置结果存入另一个数组中
35      printf("\n 转置后的数组是:\n");            //打印二维数组
36      print_array(transpose);
37      return 0;
38  }
```

程序的运行结果如图 7-3 所示。

图 7-3　例题 7-3 程序的运行结果

7.3　字符数组

字符串常量,要加上双引号括起来。在 C 语言中以一维数组存储在内存中一块连续的区域内。比如:"Welcome to Shanghai"在内存中的存储形式如下:

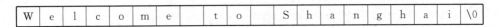

对于任何一个字符串常量,C 语言在存储其有效内容的同时,在字符串的末尾加上了一个\0,也就是 ASCII 码为 0 的字符,是没有内容的,用作字符串的终止符。

如果定义的是如下的字符数组:

```
char str1[]={'H', 'e', 'l', 'l', 'o'};
char str2[5]={'H', 'i'};
```

字符数组 str1 的容量为 5,其结尾没有\0。str1 在内存中的存储形式如下:

字符数组 str2 在内存中的存储形式为:

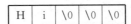

如果只能将部分元素显式初始化,则编译器会将其他部分自动初始化为 0。上面的 str2[2]、str2[3]、str2[4]全部为 0。

字符串变量实际上就是一维字符数组,用字符串常量初始化一维数组,就可以得到一个字符串变量。字符串最后一个肯定是\0,而字符数组可以没有\0。

char str3[] = { "Good" };

也可以直接简写为"char str3[] = "Good" ;",但是不能写成"char str3[]; str3 = "Good" ;"。如果需要先定义后赋值,则可以用 strcpy(str3, "Good")进行赋值,也可以用 scanf("%s",str3)形式进行赋值。打印时,使用"printf("%s",str3);"语句,%s 表示输出的是字符串。

字符数组 str3 容量为 5,其结尾有\0,在内存中的存储形式如下:

这种字符串变量定义方法与字符数组所占用的内存不一样。

【例题 7-4】 某单位的工作证号码有 8 位数,其中最后一位是用来表示性别的,如 M 表示男性,F 表示女性。要求输入 5 个人的工作证号码,请按性别统计出人数。

```
1   #include <stdio.h>
2   #include <string.h>
3   int main()
4   {
5       int m=0, f=0, length=0;
6       char c, array[5][9];
7       printf("请输入 5 个人的工作号码(最长 8 位,最后一位是 M 或 F:)\n");
8       for(int i= 0; i<5; i++)
9       {
10          scanf("%s", array[i]);
11          length = strlen(array[i]);
12          c = array[i][length - 1];
13          if(c == 'M')
14              m++;
15          if(c == 'F')
16              f++;
17      }
18      printf("男性有%d 人,女性有%d 人。\n",m,f);
19      return 0;
20  }
```

第 5 行代码,m 表示男性人数,f 表示女性人数。

第 10 行代码,按行读入字符串,使用一维数组读入。

第 11 行代码,计算每一个字符串的长度。

第 12 行代码,取一个字符串的最后一个字符。

程序的运行结果如图 7-4 所示,请输入 5 个人的工作号码(最长 8 位,最后一位是 M

或F）：

    111F
    2222M
    33333F
    444444M
    5555555F

图7-4　例题7-4程序的运行结果

提示：

（1）字符串长度。strlen(str)返回一个整数，为字符串长度，只计算字符串有效字符个数，不包括"\0"。使用时需要包含string.h头文件。

（2）puts与gets函数。puts函数是向标准输出打印一个字符串，gets函数是从标准输入读入一个字符串。

```
char str1[20];
gets(str1);
puts(str1);
```

比如，可以输入Nice to meet you，打印出来也是一样。

（3）字符串复制函数strcpy。

strcpy(str1,str2)把字符串str2复制到str1中。strcpy是不安全的，尽量不要使用。

（4）字符串拼接函数strcat和strncat。

strcat(str1,str2)把字符串str2拼接到str1后面。

strncat(str1,str2, n)把字符串str2的前n个字符复制到str1后面。

（5）字符串比较函数strcmp和strncmp。

strcmp(str1,str2)根据ASCII编码依次比较str1和str2的每一个字符，直到出现不同的字符或遇到"\0"为止。函数的返回值规定是：当str1＞str2,则返回一个正整数；相等则返回0；当str1＜str2,则返回一个负整数。比如，"A"＜"B","compare"＜"computer", "A"＜"AB"等。

strncmp(str1,str2,n)把字符串str1与字符串str2的前n个字符逐个进行比较。字符比较以ASCII码值大小比较。如hella＜hello＜hi,H＜h。函数的返回值规定是：当str1＞str2,则返回一个正整数；相等则返回0；当str1＜str2,则返回一个负整数。

（6）字符串转换函数strupr和strlwr。strupr(str1)把字符串str1中的所有小写字母变成大写字母，其余内容都不变，返回字符数组的首地址。strlwr(str1)把字符串str1中的所有大写字母变成小写字母，其余内容都不变，返回字符数组的首地址。

注意,使用上面的字符串函数时,都需要包含 string.h 头文件。

【例题 7-5】 给定一句英语,编写程序,将句中所有单词的顺序颠倒输出。

输入格式:测试输入包含一个测试用例,在一行内给出总长度不超过 80 的字符串。字符串由若干单词和若干空格组成,其中单词是由英文字母(大小写有区分)组成的字符串,单词用 1 个空格分开,输入保证句子末尾没有多余的空格。

输出格式:每个测试用例的输出占一行,输出倒序后的句子。

输入样例:

Welcome to Shanghai

输出样例:

Shanghai to Welcome

程序代码如下:

```
1   #include <stdio.h>
2   int main()
3   {
4       char str[80];
5       char s[80][80];
6       int m = 0, n = 0, i = 0;
7       while (1)
8       {
9           str[i] = getchar();
10          if (str[i] == '\n')
11              break;
12          ++i;
13      }
14      str[i] = '\0';
15      for (i = 0; str[i] != '\0'; ++i)
16      {
17          if (str[i] != ' ')
18              s[m][n++] = str[i];
19          else
20          {
21              s[m][n] = '\0';
22              n = 0;
23              ++m;
24          }
25          s[m][n] = '\0';
26      }
27      for (i = m; i >=0; --i)
28          printf("%s ", s[i]);
29      return 0;
30  }
```

第7～13行代码，表示读入一句英语，遇到回车符才结束，其作用是将读入的字符串存入一维的字符数组 str 中。

第14行代码'\0'表示空字符，不是空格，表示什么也没有。也就是数组后面什么也没有了，否则经常会输出"烫"字。

第15～26行代码，是一维数组 str 与二维数组 s 的综合应用，定义一个一维的字符数组存入输入的字符串，再以空格为分隔符存入到另一个二维数组中。当 str[i]不为空格时，将字符串加入同一行中，为空格时则换行。

第25行代码，"s[m][n] = '\0';"表示每次存储一个字符后，加上结束标志，否则经常会输出"烫"字。如果后面有字符，则会覆盖这个标志，因此最后结果是在一个单词之后加上了'\0'，标志单词结束，为输出做好了准备。

程序的运行结果如图 7-5 所示。

图 7-5　例题 7-5 程序的运行结果

本题的另一种解法：

```
1    #include <stdio.h>
2    int main()
3    {
4        char a[81][30], ch, i = 0;
5        do
6        {
7            scanf("%s", a[i++]);
8            ch = getchar();
9        } while (ch != '\n');
10       while (--i)
11           printf("%s ", a[i]);
12       printf("%s", a[i]);
13       return 0;
14   }
```

第7行代码，"scanf("％s"，a[i＋＋])；"使用％s 读入字符串时，遇到空格或者回车符就会结束读入。

第8行代码，"ch = getchar();"表示执行一次 getchar()函数，只能读到一个字符。但是用户却可以一次输入多个字符，这些字符会先存储到输入缓存中，在用户按回车键后，getchar()才去缓存中读取数据。所以读多个字符时，一般放在循环体内。

第10行代码，表示输出倒序后的句子。

提示：getchar()函数的语法结构为 int getchar(void)，其功能用于从标准输入控制台读入字符。执行一次 getchar()函数，只能读到一个字符。如果没有后续的读入操作，则滞留在缓存中的数据会在程序结束时被丢弃。用户在按回车键之前输入了多个字符，其他字符会保留在键盘缓冲区中,等待后续 getchar()调用读取。也就是说,后续的 getchar()调用不会等待用户按键,而是直接读取缓冲区中的字符,直到缓冲区的字符读取完毕后才等待用户按键。

可以用以下程序来体验 getchar()函数读取过程。

```
char ch;
while ((ch = getchar()) != '\n')
{
    printf("Your input: %c,sleep 1s\n",ch);
    Sleep(1000);          //需要#include<Windows.h>
}
```

习 题

1. 选择题

(1) 若有定义 int a[5]={2},则(　　)。

　　A. a[0]=2　　　　　　　　　　　B. a[1]=2

　　C. 数组所有元素均为 2　　　　　D. 以上说法都不正确

(2) 下面程序的运行结果是(　　)。

```
#include <stdio.h>
int main()
{
    char c[5] = {'a','b','\0','c','\0'};
    printf("%s",c);
    return 0;
}
```

　　A. 'a','b'　　　　B. ab　　　　C. ab c　　　　D. a b

2. 填空题

阅读以下程序,一个数如果恰好等于它的因子之和,这个数就称为"完数",比如 6=1+2+3,则可以称 6 是一个完数。再比如 28=1+2+4+7+14,则可以称 28 是一个完数。还有 496=1+2+4+8+16+31+62+124+248,则可以称 496 是一个完数。找出 1000 以内的所有完数,并补全程序。

```
#include <stdio.h>
int main()
{
    int arr[1000];
    int i, number, n, s;
```

```
    for (number = 2; number < 1000; number++)
    {
        n = -1;
        s = number;
        for ( i = 1; i < number; i++)
        {
            if ( _____ )                    //如果能整除,则 i 是一个因子
            {
                n++;
                s = s - i;
                _____                       //因子 i 存放入数组 arr 中
            }
        }
        if (s == 0)
        {
            printf("%d 是一个完数",number);
            for ( i = 0; i < n; i++)
            {
                printf("%d,",arr[i]);
            }
            printf("%d\n",arr[n]);
        }
    }
    return 0;
}
```

3. 上机题

(1) 阅读以下程序,输入 9 个小数作为矩阵元素,用空格分隔开,如"1.1 2.2 3.3 4.4 5.5 6.6 7.7 8.8 9.9"。请写出程序的运行结果。

```
#include <stdio.h>
int main()
{
    float a[3][3], sum = 0;
    int i, j;
    printf("请输入矩阵元素:\n");
    for ( i = 0; i < 3; i++)
    {
        for ( j = 0; j <3; j++)
        {
            scanf("%f", &a[i][j]);
        }
    }
    for ( i = 0; i < 3; i++)
    {
```

```
        sum += a[i][i];
    }
    printf("结果是%6.2f\n",sum);
    return 0;
}
```

(2) 以下程序求一个 3×3 矩阵对角线元素之和,请写出以下程序的运行结果。输入的矩阵对角线元素如下:

1 2 3
1 1 1
3 2 1

```
#include <stdio.h>
int main()
{
    int a[3][3], sum1 = 0, sum2 = 0;
    int i, j;
    printf("请输入矩阵元素:\n");
    for ( i = 0; i < 3; i++)
    {
        for ( j = 0; j <3; j++)
        {
            scanf("%d", &a[i][j]);
        }
    }
    for ( i = 0; i < 3; i++)
    {
        sum1 += a[i][i];
        sum2 += a[i][2-i];
    }
    printf("结果是%d,%d\n",sum1,sum2);
    return 0;
}
```

(3) 阅读以下程序,请写出程序的运行结果。

```
#include <stdio.h>
#define N 5
int main()
{
    int arr[N] = { 11,22,33,44,55 };
    int i, temp;
    printf("原数组的元素是:\n");
    for (i = 0; i < N; i++)
    {
        printf("%4d", arr[i]);
    }
```

```c
    for (i = 0; i < N / 2; i++)
    {
        temp = arr[i];
        arr[i] = arr[N - i - 1];
        arr[N - i - 1] = temp;
    }
    printf("\n新数组的元素是:\n");
    for (i = 0; i < N; i++)
    {
        printf("%4d", arr[i]);
    }
    return 0;
}
```

(4) 阅读以下程序,在一个有序的数组中插入一个新元素,并写出程序的运行结果。

```c
#include <stdio.h>
#define LEN 10
int main()
{
    int a[LEN] = { 1,3,8,9,10,20,24,30,97 };
    int number,index;
    printf("原数组元素为:\n");
    for (int i = 0; i < LEN-1; i++)
    {
        printf("%-4d", a[i]);
    }
    printf("\n请输入一个要插入的数组元素:\n");
    scanf("%d", &number);
    for (int i = 0; i < LEN; i++)
    {
        if (number<a[i])
        {
            index=i;
            break;
        }
        else
        {
            index = LEN - 1;
        }
    }
    for (int j = LEN - 2; j >=index; j--)
    {
        a[j + 1] = a[j];
    }
    a[index] = number;
```

```
        printf("新数组元素为:\n");
        for (int i = 0; i < LEN ; i++)
        {
            printf("%-4d", a[i]);
        }
        return 0;
    }
```

(5) 阅读以下程序,请写出程序的运行结果。

```
#include <stdio.h>
int main()
{
    char str[5], * p;
    int i;
    for (i = 0; i < 4; i++)
        str[i] = 'A' + i;
    str[i] = '\0';
    p = str;
    while (p < str + 4)
    {
        printf("%s\n", p);
        p++;
    }
}
```

4. 程序设计题

(1) 有一个已排好序的数组,再输入一个整数,要求按原来排序的规律将它插入数组中。

(2) 有一篇文章,共有 3 行文字,每行有 80 个字符。要求分别统计出其中英文大写字母、小写字母、中文字母、中文字符、数字、空格及其他字符的个数。

(3) 对 3 个人的四门课程分别按人和科目求平均成绩,并输出包括平均成绩的二维成绩表。

(4) 编写一个程序,将一个数组中的值按逆序重新存放。例如,原来顺序为 8,6,5,4,1,要求改为 1,4,5,6,8。

(5) 打印出杨辉三角,要求打印出 5 行。

```
1
1   1
1   2   1
1   3   3   1
1   4   6   4   1
```

(6) 按以下要求编写程序。

① 求一个字符串 S1 的长度。

② 将一个字符串 S1 的内容复制给另一个字符串 S2。

③ 将两个字符串 S1 和 S2 连接起来,结果保存在 S1 字符串中。

④ 搜索一个字符在字符串中的位置,比如'C'在"CHINA"中的位置为1。如果没有搜索到,则位置为－1。

⑤ 比较两个字符串 S1 和 S2,如果 S1＞S2,输出一个正数;如果 S1＝S2,输出 0;如果 S1＜S2,输出一个负数。输出的正、负数值为两个字符串相应位置字符 ASCII 码值的差值,当两个字符串完全一样时,则认为 S1＝S2。

以上程序均使用 gets() 函数输入字符串,用 puts 函数输出字符串。不能使用 string.h 中的系统函数。

(7) 编写一个程序,从键盘上输入一个 3×4 的矩阵,输出矩阵中最大和最小元素的值,以及其所在的行号和列号。

(8) 编写一个程序,用 getchar() 函数读入两个字符给 char1 和 char2,分别用 putchar() 函数和 printf() 函数输出这两个字符。

(9) 编写一个程序,将两个字符串连接起来,不要用 strcat() 函数。

(10) 编写一个程序,将两个字符串 s1 和 s2 比较,若 s1＞s2,输出一个正数;若 s1＝s2,输出 0;否则输出负数。不要用 strcmp 函数。

(11) 编写一个程序,将字符数组 str2 中的全部字符复制到字符数组 str1 中,不使用 strcpy 函数。

✎笔记:
_____
_____
_____
_____

第8章 函　　数

学习目标

- 了解模块化程序设计中运用函数的优点。
- 根据实际需要确定自定义函数的类型,掌握函数声明的必要条件。
- 掌握函数调用的原理,理解函数的参数传递机制。
- 掌握将较复杂的问题进行抽象分解成若干个功能块,并能编出相应的功能函数,具备编写和调用相应功能函数的能力。
- 理解变量的作用域和生存期,以及变量的存储类别。
- 区分指针型函数和函数型指针,在解决实际问题中能合理运用。

技能基础

本章首先介绍程序实现模块化编程的意义。C语言的源程序是由函数组成的,再举例说明通过对函数模块的调用实现特定的功能。然后介绍函数定义和声明格式以及调用的一般形式,介绍变量的作用域和生存期、变量的存储类别等相关知识。最后详细讲解指针型函数和函数型指针的应用。函数调用恰似"假舆马者,非利足也,而致千里""假舟楫者,非能水也,而绝江河"。

每个C程序都至少有一个函数,即主函数main()。函数是程序实现模块化编程的基本单元,一般是完成某一个特定功能的语句的集合,可以提高程序的可读性和可维护性,并可以提高代码的重用率。

模块化编程就是将程序划分为一系列功能相互独立的模块,再以模块为单元进行开发,最后合并到主程序的编程方法。模块化编程方法是C语言面向过程设计的基本方法。可以把代码划分到不同的函数中,如何划分代码到不同的函数中是由开发者来决定的,但在逻辑上,通常是根据每个函数执行一个特定的任务来进行划分的。

1. 函数声明

完整的函数声明,包括函数类型、函数名、参数内容三部分。不需要一对大括号{...},但是要在小括号尾部加上分号";"。

2. 函数定义

在C语言中,一个函数定义的标准形式如下:

返回值类型 函数名(dataType1 param1, dataType2 param2,...)
{

```
    ...        //函数体
}s
```

（1）返回值类型（return_type）：一个函数可以返回一个值，return_type 是函数返回值的数据类型。有些函数执行所需的操作而不返回值，在这种情况下，return_type 是关键字 void。

（2）函数名（functionName）：这是函数的实际名称，是函数的标识符，函数名应该能反应操作内容。

（3）参数列表："dataType1 param1，dataType2 param2"就是参数列表。参数就像是占位符，当函数被调用时，向参数传递一个值，这个值被称为实际参数。参数列表包括函数参数的类型、顺序、数量。参数是可选的，也就是说，函数可能不包含参数。

（4）函数体：函数体包含一组定义函数执行任务的语句。

3. 函数调用

函数调用的表达式是由"函数名(逗号表达式)"等部分组成，这里的逗表达式就是参数列表。函数调用语句中的参数表达式，函数被调用时由于具有实际值，给出的参数包含了实实在在的数据，会被函数内部的代码使用，因此被称为"实参"；函数声明和函数定义当中的参数，在被调用前不占用内存空间，可以看作是一个占位符，没有数据，只能等到函数被调用时接收传递进来的数据，因此被称为"形参"。将函数调用表达式中的参数列表称为"实参列表"；将函数声明和函数定义当中的参数列表称为"形参列表"。

函数调用的一般过程如图 8-1 所示，fun()表示被调函数，main()为主函数。

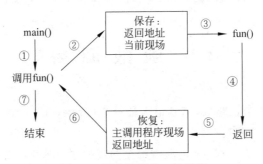

图 8-1　函数调用的一般过程

【例题 8-1】　定义一个函数，输出两个整数中的较大者。再编写 main()函数，调用 max()函数并输出结果。

```
#include <stdio.h>
int max(int x, int y)
{
    if (x > y)
        return x;
    else
        return y;
}
```

```
int main()
{
    int a, b;
    scanf("%d%d", &a, &b);
    printf("The Max is %d\n", max(a, b));
    return 0;
}
```

运行程序，从键盘上输入两个整数，输出较大者。

主函数中调用了自定义函数 max()。a 和 b 是实参，x 和 y 是形参，a 的值赋值给 x，b 的值赋值给 y，然后打印出函数的返回值。这里并没有设置一个变量来接收函数的返回值，直接使用 max(a, b) 也可以。当然也可以设置一个变量来接收函数的返回值，再打印这个变量的值。

【例题 8-2】 定义一个函数，已知三角形三边的长，求三角形的面积。

```
double area(double a, double b, double c)
{
    double p, s;                              //面积为 s
    p = (a + b + c) / 2;
    s = sqrt(p * (p-a) * (p-b) * (p-c));      //海伦公式
    return s;
}
```

提示：请读者自己写 main() 函数，调用 area() 函数并输出结果。

8.1 函数调用

【例题 8-3】 输入两个正整数，求其最大公约数（greatest common divisor）和最小公倍数（lowest common multiple）。

这个问题，在前面学习 if 和 while 时曾经编写过程序。这里换另外一种编程思想，用函数来实现。

```
1    #include <stdio.h>
2    int gcd(int a, int b)
3    {
4        int r, t;
5        if (a < b)
6        {
7            t = a;
8            a = b;
9            b = t;
10       }
11       while ((r = a % b) != 0)
```

```
12          {
13              a = b;
14              b = r;
15          }
16          return b;
17      }
18      int lcm(int a, int b)
19      {
20          int r;
21          r = gcd(a, b);
22          return(a * b / r);
23      }
24      int main()
25      {
26          int x, y;
27          printf("请输入两个整数:\n");
28          scanf("%d,%d", &x, &y);
29          printf("两个整数最大公约数为:%d\n", gcd(x, y));
30          printf("两个数最小公倍数为:%d\n", lcm(x, y));
31          return 0;
32      }
```

第 2~17 行代码定义函数 gcd(),作用是求最大公约数。返回类型是 int 型,因此在函数体内第 16 行代码有 return b,b 就是 int 型。函数名称 gcd,参数列表 int a,int b,函数体是第 4~16 行代码。

第 11 行代码开始的是辗转相除法。

第 18 行代码开始的函数 lcm(),其作用是求最小公倍数。返回类型是 int 型,因此在函数体内第 22 行代码中,return (a * b / r),(a * b / r)是 int 型。

程序的运行结果如图 8-2 所示。

图 8-2 例题 8-3 程序的运行结果

由于 gcd()函数和 lcm()函数定义位置在 main()函数的前面,所以在该程序中没有出现函数声明。

🔊试一试

(1) 如果先编写 main()函数,gcd()函数和 lcm()函数定义位置在 main()函数的后面,那么应该怎么办呢?

(2) 最小公倍数函数名称、参数列表、函数体分别是什么?

提示:一般在程序的开始位置使用"♯include"命令调用库函数,其作用是将库函数所用的信息包含到源程序中。stdio.h 是一个头文件,凡是使用输入/输出函数都要用到该文件,在头文件中包含了输入/输出函数的声明。

形参和实参的功能是传递数据,发生函数调用时,实参的值会传递给形参。形参和实参的区别和联系如下。

(1) 形参变量只有在函数被调用时才会分配内存,调用结束后立刻释放内存,所以形参变量只有在函数内部有效,不能在函数外部使用。

(2) 实参可以是常量、变量、表达式、函数等,无论实参是何种类型的数据,在进行函数调用时,它们都必须有确定的值,以便把这些值传送给形参,所以应该提前用赋值、输入等办法使实参获得确定值。

(3) 实参和形参在数量、类型、顺序上必须严格一致,否则会发生"类型不匹配"的错误。当然,如果能够进行自动类型转换,或者进行了强制类型转换,那么实参类型也可以不同于形参类型。

(4) 函数调用中发生的"值传递"是单向的,把实参的值传递给形参,而不能把形参的值反向地传递给实参。换句话说,一旦完成数据的传递,实参和形参就再也没有瓜葛了。所以,在函数调用过程中,形参的值发生改变并不会影响实参。传入的参数实际上是实际参数的一个副本,并且这个副本的作用域为当前函数,函数返回时,这个副本随着函数所有的栈区一起被销毁了。

(5) 实参传给形参后,形参改变。在进行"值传递"的时候,实参不改变。当变量传递在进行"地址传递"时,实参改变,如数组传递,指针传递。传入地址的目的是通过这个地址去修改真正的参数,而非参数的副本。

(6) 在后面学完指针后,还有一个要点:不可能通过执行调用函数来改变实参指针变量的值,但是可以改变实参指针变量所指变量的值。

8.2 变量的作用域和生存期

1. 变量的作用域

变量的作用域是指变量可以被使用的代码区域。只有在变量的有效作用域内,变量才是可以被访问的。

在 C 语言中,根据变量的作用域,把变量分为局部变量和全局变量。局部变量的作用域一般认为在函数体内有效,其内存分配管理和销毁由编译器来实现。当函数执行完返回时,局部变量将全部销毁,则其生命周期也随之结束。

提示:函数的形参也是该函数内的局部变量。

全局变量的生命周期等于程序执行时间。程序开始执行时,全局变量将被初始化。

例如:

```
int n;                      //全局变量 n 的作用域开始
int func(int q)
{                           //局部变量 q 的作用域开始
    int x;
```

```
        ...                         //局部变量 q 的作用域结束
}
int main()
{
    int m;                          //局部变量 m 的作用域开始
    ...
    for(int i = 0;i< 10;++i)        //局部变量 i 的作用域开始
    {
        ...
        m=i * i;                    //局部变量 i 的作用域结束
    }
    ...                             //局部变量 m 的作用域结束
}                                   //全局变量 n 的作用域结束
```

这里的变量 i 就是局部变量，在 for 循环之外，就不能再访问 i 了。变量 m 也是局部变量，既可以在 for 内部访问，也可以在 for 之外访问。

全局变量 n，程序中的任何函数都可以访问它，这实现了数据共享。但任何函数也可以修改这个全局变量，使数据有发生被篡改的可能。过多使用全局变量会造成资源浪费，不宜对全局变量做过多操作，不利于模块化的设计。

函数参数的作用范围是整个函数体。

```
int func(int m)                     //m 的作用域开始
{
  int x;
    ...                             //m 的作用域结束
}
```

2. 变量的生存期

生存期是指程序运行时，变量占有内存的整个时期。当程序运行到变量的定义语句时，编译器为其分配内存，这是生存期的开始；当变量占用的内存被释放时，则标志着生存期的结束。

```
int add(int a, int b)
{
    ...
}
int sub(int x, int y)
{
    ...
}
void main()
{
    int key1,key2;
    int m=15,n=10;
    key1= add(m, n);
```

```
        key2= sub(m, n);
        ...
}
```

上面的程序中,变量 a 和变量 b 的生存期从调用 add()函数开始,到调用 add()函数结束。变量 x 和变量 y 从调用 sub()函数开始,到调用 sub()函数结束。变量 key1 和变量 key2 的生存期从进入 main()函数开始,到 main()函数结束时也结束。可以看出,当调用 add()函数和 sub()函数时,变量 key1 和变量 key2 仍然是存在的。

8.3 变量的存储类别

C 语言的变量都有两个属性:数据类型和存储类别。C 语言中定义了 4 种存储类别: auto、static、register、extern。变量的存储类别决定了变量存储在哪个区域。

1. 内存存储区域划分

C 语言内存存储区域划分为以下 4 个部分。

(1) 栈(stack)是编译器管理的动态存储区域,用于存储临时变量,需要时分配,由编译器负责回收空间。存放的数据包括函数形参、局部变量、临时变量、函数的返回值。后进栈的变量地址变小。

(2) 堆(heap)是由程序管理的动态存储区域,这是用 malloc 函数申请的空间,需要由程序来申请释放并回收空间。后申请的空间的地址值会依次增加并变大。

(3) 全局存储区(global)可以细分为未初始化区、初始化区、字符串常量区和静态区(static),由编译器在程序运行开始固定分配,直到运行结束。分配的内存在运行过程中都有效,由编译器负责回收空间。静态区存放全局变量和静态变量,只初始化一次,变量的地址一直不变,变量的值可以变化。字符串常量区存放字符串常量、整型常量等。

(4) 代码区(code)主要是用于存储程序的代码,是 CPU 执行的机器指令,只能读而不能写,存放了程序的二进制代码。代码区的地址是函数的地址,也是程序的入口地址。函数的名字也是一个指针,通过查询函数名所处的地址查询函数存放的区域。

例如,代码"char *p="abc";"中的指针 p 指向字符串的首地址,字符串存放在字符串常量区。当 p[0]='b'后,发现编译器会报错,原因是字符串常量是不可变的。又比如, "char str[]="abc";"把字符串常量复制到栈区的数组中,在 str[0]='b'后,发现 str 内容变为"bbc"。

2. 变量的存储类别

用 auto 修饰的变量也是普通的局部变量,普通局部变量是自动存储,这种对象会自动创建和销毁。auto 存储类型的变量只能在某个程序范围内使用,采用栈的方式分配空间。在定义变量时,auto 是可以省略的,auto int i 等价于 int i。auto i 等价于 int i。在 C 语言中,当省略了数据类型,使用 auto 修饰变量时,默认是 int 类型变量。

extern 外部变量声明是指这是一个已在别的地方定义过的对象,这里只是对变量的一次重复引用,不会产生新的变量。

　　static 静态数据存放在全局数据区,但作用域只是本文件/函数中,所以可以在两个不同的文件/函数内部声明同名的 static 变量,但是它们是两个不同的全局变量。

　　register 寄存器变量,请求编译器将这个变量保存在 CPU 的寄存器中,从而加快程序的运行。register 是不能取址的,比如"int i;int ＊p＝&i;"是可以的,但"register int j; int ＊p＝&j;"是不行的,因为无法对寄存器定址。

　　一般地,auto 和 register 是用来修饰变量的;static 和 extern 用来修饰变量或函数,两者都可以。

【例题 8-4】 static 用法举例。

```
1   #include <stdio.h>
2   void func()
3   {
4       int data = 0;
5       static int static_data = 0;
6       printf("\100data=%d\n",data);
7       printf("\40:static_data=%d\n", static_data);
8       data++;
9       static_data++;
10  }
11  int main()
12  {
13      int i;
14      for (i = 0; i < 3; i++)
15      {
16          func();
17      }
18      return 0;
19  }
```

程序的运行结果如图 8-3 所示。

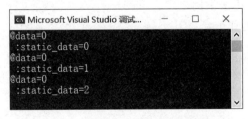

图 8-3　例题 8-4 程序的运行结果

　　printf("\100data＝%d\n",data)中的"/100"表示八进制的 100,转化成十进制是 64,ASCII 码对应 64 是符号@,printf("\40：static_data＝%d\n", static_data)中的"/40"表示八进制的 40,转化成十进制是 32,ASCII 码对应 32 的是空格符号。

　　在函数中,没有 static 修饰的局部变量,每次都自动重置了。而 static 修饰的变量值每次函数调用后都保留了。

【例题 8-5】 extern 用法举例之一。

```
1   #include <stdio.h>
2   int bigger(int x, int y);
3   int main()
4   {
5       int result;
6       /*外部变量声明*/
7       extern int g_X;
8       extern int g_Y;
9       result = bigger(g_X, g_Y);
10      printf("较大的值是%d\n", result);
11      return 0;
12  }
13  /*定义两个全局变量*/
14  int g_X = 10;
15  int g_Y = 20;
16  int bigger(int x, int y)
17  {
18      return x > y? x: y;
19  }
```

本例题运行结果就是输出一个较大的数 20。

第 14 行和第 15 行代码定义全局变量。全局变量不在文件的开头定义,有效的作用范围将只限于其定义处到文件结束。如果想在定义点之前的 main()函数中引用该全局变量,则应该在引用之前用关键字 extern 对该变量作"外部变量声明",参见第 7 行和第 8 行代码,表示该变量是一个已经定义的外部变量。有了此声明,就可以从"声明"处起,合法地使用该外部变量。

如果整个工程由多个源文件组成,在一个源文件中想引用另外一个源文件中已经定义的外部变量,同样只需在引用变量的文件中用 extern 关键字加以声明即可。

【例题 8-6】 extern 用法举例之二。

文件 bigger.c 的代码如下:

```
1   #include <stdio.h>
2   /*外部变量声明*/
3   extern int g_X;
4   extern int g_Y;
5   int bigger()
6   {
7       return (g_X > g_Y ? g_X : g_Y);
8   }
```

文件 externDemo.c 的代码如下:

```
1   #include <stdio.h>
```

```
2    int g_X = 10;
3    int g_Y = 20;
4    int main()
5    {
6        int result;
7        result = bigger();
8        printf("较大的值是%d\n", result);
9        return 0;
10   }
```

对于模块化的程序文件，可在其文件中预先留好外部变量的接口，也就是只采用 extern 声明变量，而不定义变量。在 bigger.c 文件中只声明变量，在 exterDemo.c 文件［有 main() 函数］中定义变量。

8.4 指针型函数

提示：可以等到学完第 9 章内容后，再来学习本节和 8.5 节内容。

一般地，"函数返回值类型 * 函数名(形参列表)"表示"指针型函数"，指针型函数要求函数体内必须返回一个指针。

注意：指针型函数要慎用，因为函数调用结束，局部变量是存放在栈区间内的，内存会被释放，虽然返回指针还存在，但是指向的内容，也就是希望得到的内容，可能已经被重写了。

指针型函数的用法举例说明如下。

```
#include <stdio.h>
int * func()
{
    int str[] = { 1,2,3,4,5 };
    int * s=str;
    return s;
}
int main()
{
    int * f=NULL;
    int i;
    f = func();
    for ( i = 0; i < 5; i++)
    {
        printf("%d\n", * f++);    //本意是打印 1 2 3 4 5
    }
    return 0;
}
```

运行结果可能是：

1
-858993460
-858993460
11
10559423

可以发现，运行结果中只有第 1 个数正确，其他都不正确。因为程序没有对栈做其他的操作，所以数组的首地址是正确返回的，其内容还在，而其他的内容都已经不确定了。如果中间对栈进行了一些其他操作，比如在 for 之前加上打印语句 printf("这种写法是错误的\n")，则运行结果中第 1 个数也不正确。

当上面的函数 func 运行完毕后，函数内部的栈空间自动回收，局部变量数组 str 的栈区空间的内容未知，有可能还保留先前的内容，有可能是乱码，是不确定的内容。所以函数返回值 s 是指针时，当返回栈内存地址时，内存中的内容是不确定的，所以打印出不可知的内容。

这就是常出现的错误。Java 中一般用返回值传递字符串，而 C 语言没有字符串类型，所以 C 语言用数组或指针来处理字符串。

```c
#include <stdio.h>
int * func()
{
    char * str = "Hi,Good morning!";
    str += 3;                    //指针后移 3 个
    return str;
}
int main()
{
    char * f = NULL;
    f = func();
    printf("%s\n", f);
    return 0;
}
```

上面的程序可以正确运行，结果如下：

Hi, Good morning!

原因是字符串"Hi,Good morning!"不是变量，而是常量，存放在常量区里面。

上面的程序是用指针指向字符串。下面再看一个用数组处理字符串的例子：

```c
#include <stdio.h>
int * func()
{
    char str[] = { "Hi,Good morning!" };
    return str+3;
}
```

```
int main()
{
    char* f;
    f = func();
    printf("看看是否能正确返回字符串%s\n");
    printf("%s\n", f);
    return 0;
}
```

程序运行结果中打印了很多的"烫"字,说明指针f指向的内容已经不确定了。原因与前面打印12345的例子是相同的。程序运行完毕且退出调用函数后,其栈上的空间自动回收,虽然返回了数组的首地址,局部变量数组str的栈区空间的内容就不确定了。

如果在上面的代码char str[] = { "Hi,Good morning!" }前加上static,则程序可以正确运行,并返回正确结果。但是不建议这么做,因为静态局部变量会占用内存的开销。

如果用堆来分配,可以使用基本类型函数,函数参数是指针类型。再看下面的一个例子。

```
#include <stdio.h>
#include <string.h>
void func(char* p)
{
    p = (char*)malloc(10);
}
int main()
{
    char* f = NULL;
    func(f);
    strcpy(f, "Hello");
    printf("%s\n", f);
    return 0;
}
```

上面的程序在运行时,在"strcpy(f, "Hello");"处会出现错误,原因是函数传递参数时,将指针f的地址传给了func函数中的指针p,但是只是复制了一份。虽然在func函数中申请了堆空间,并把首地址赋值给了p。p值改变不影响主函数中f的值。f的值地址仍为空,所以会出现错误。

假如写成下面的形式:

```
char * func(char * char1,char * char2)
{
    char * pchar;
    ...
    pchar=char1;
        return pchar
}
```

如果 pchar 被赋值为 char1 或 char2，令 pointerchar = func(&char1, &char2)，则 pointerchar 可以改变自己的值，也就是改变地址。

实际应用中，最好的方法是在形参列表中加上要返回的指针。把"char * func(char * char1, char char2);"改写为"void func(char * char1, char * char2, char * returnchar);"，即要在函数体内改变 returnchar 所指变量的值，而不是改变 returnchar 的值。类似代码写为

```
* returnchar=value;      //value 表示值
```

而不是：

```
returnchar=pointer;      //pointer 表示指针
```

另一种方法是在函数中加上 malloc 后开辟一个堆空间，这样函数结束后，这块内存的内容不会被释放。

总之，指针型函数其本质是个函数，但是这种函数的返回值为指针类型的数据，即内存中的某一个地址。简单来说需要在函数体中返回一个指针变量。

提示：在返回指针变量时，该指针变量不要指向函数体内部的局部变量，因为函数体内的局部变量是存放在栈(stack)当中的。函数在执行结束后，其内存会被编译器自动释放，该指针变量指向的内容将会变得不确定。

举例说明如下：

```c
#include <stdio.h>
void correct_get_str(char * text)
{
sprintf(text, "%s", "correct");
//sprint(char * buffer, const char * format [, argument,...]);
/* sprintf 函数的功能与 printf 函数的功能基本一样，只是它把结果输出到指定的字符串中了,
第一个参数是指向要写入的那个字符串的指针,其他参数与 printf 一样*/
}
char * wrong_get_str()
{
  char text[100] = { '\0' };
  sprintf(text, "%s", "wrong");
  return text;
}

int main()
{
  printf("============Wrong Get Str==========\n");
  char * wrong = wrong_get_str();
  printf("%s\n", wrong);
  printf("============Correct Get Str==========\n");
  char text[100] = {'\0'};
  correct_get_str(text);
```

```
    printf("%s\n", text);
    return 0;
}
```

程序的运行结果如下:

============Wrong Get Str===========
烫烫烫烫烫烫烫烫烫烫烫烫烫烫烫烫烫烫烫烫烫烫烫烫烫烫烫烫烫(?烫
烫烫烫烫烫烫烫 t??
============Correct Get Str===========
correct

从上述运行结果可以看出,错误的用法是在函数中定义一个指针变量,并初始化其内容,再用指针型函数返回该指针变量;而正确的用法是在函数的形参中声明一个指针变量,并在函数体内部改变。调用该函数时,传入在函数外部定义的指针变量实参,或者是在函数体内使用 malloc 分配堆内存,但是需要注意内存的分配与释放。

8.5 函数型指针

在 C 语言中,一个函数总是占用一段连续的内存区,而函数名就是该函数所占内存区的首地址。可以把函数的这个首地址(或称入口地址)赋予一个指针变量,使该指针变量指向该函数。然后通过指针变量就可以找到并调用这个函数。把这种指向函数的指针变量称为"函数指针变量"。

函数指针变量定义的一般形式如下:

类型说明符 (*指针变量名)();

其中"类型说明符"表示被指函数的返回值的类型。"(* 指针变量名)"表示"*"后面的变量是定义的指针变量。最后的空括号表示指针变量所指的是一个函数。例如:

int (*pf)();

表示 pf 是一个指向函数入口的指针变量,该函数的返回值(函数值)是整型。

【例题 8-7】 输入两个正整数,用指针形式实现对函数 max 调用。

```
1   #include <stdio.h>
2   int max(int m, int n)                    //函数 max
3   {
4       if (m > n)
5           return m;
6       else
7           return n;
8   }
9   int main()
10  {
```

```
11      int max(int m, int n);
12      int (*pmax)();                    //定义函数型指针变量
13      int x, y, z;
14      pmax = max;                       //函数型指针变量赋初值
15      printf("请输入两个整数:\n");
16      scanf("%d%d", &x, &y);
17      z = (*pmax)(x, y);                //用函数指针变量形式调用函数
18      printf("较大的数是%d\n", z);
19      return 0;
20  }
```

从上述程序可以看出用,函数指针变量形式调用函数的步骤如下。

(1) 先定义函数指针变量,第 12 行代码"int (*pmax)();"定义 pmax 为函数指针变量。

(2) 第 14 行代码"pmax=max;"把被调函数的入口地址(函数名)赋予该函数指针变量。

(3) 第 17 行代码"z=(*pmax)(x,y);"用函数型指针变量形式调用函数。

(4) 调用函数的一般形式为:

(*指针变量名) (实参表)

提示:使用函数型指针变量还应注意以下两点。

(1) 函数型指针变量不能进行算术运算,这是与数组指针变量不同的。数组指针变量加减一个整数可使指针移动指向后面或前面的数组元素,而函数型指针的移动是毫无意义的。

(2) 函数调用中,"(*指针变量名)"的两边的括号不可少,其中的 * 不应该理解为求值运算,在此处它只是一种表示符号。

程序的运行结果如图 8-4 所示。输入 10 和 20 时,中间要有空格。

一般地,"函数返回值类型(* 指针名)(形参表或形参类型列表)"表示"函数型指针"。函数型指针是指向函数的指针,其功能是通过该指针调用所指向的函数。

函数返回值类型需要与待指向函数的返回值类型一致,"(*指针名)"前后必须有括号,否则 * 属于函数返回值类型,则声明变为"函数返回值类型 * 函数名(函数形参列表)",是一个指针型函数。形参列表可以写出函数形参的类型,需要与待指向函数的形参类型一致,可以选择不写出形参的名称,"形参列表或形参类型列表"是表示这里可以不需要写形参的名称。

图 8-4 例题 8-7 程序的运行结果

使用时,采用"指针名=函数名"的方式,再通过"指针名(实参列表)"调用。

提示:函数型指针中的星号 * 没有也是可以的,形如 int (visit)(int),第 1 个 int 表示返回类型,第 2 个 int 表示参数类型,visit 是函数名(可以换成自定义的函数名)。也可以写成 int (* visit)(int),因为函数名也是指针。

举例说明如下。

```
#include <stdio.h>
int doSome(int a, int(visit)(int))
{
    a++;
    visit(a);
    return 1;
}
int doVisit(int b)
{
    printf("%d\n",b);
    return 1;
}
void main()
{
    doSome(100, doVisit);
}
```

这个程序的运行结果是 101。在主函数中调用 doSome()函数;而 doSome()函数有 2 个参数,其中,函数名 doVisit 作为形参被调用。

可以理解为 doVisit 用来替代 visit,doVisit 中需要参数,那么这个参数从哪里来？请看 doSome 中的 visit(a),这个 a 就是用实参来替代形参 b。

如果把 int(visit)(int)改为 int(*visit)(int),结果是一样的。在后面的二叉树学习中,将使用"函数型指针"。

调用者(高层)传递进来是怎样的函数,则被调用者(低层)就执行什么样的操作。编写低层代码时,假设在编写二叉树并进行遍历时,是不知道高层要做什么操作的,可能是打印结点,也有可能是删除结点或者其他操作。所以这个地方就用一个通用的函数型指针代替,可以接受任意操作函数,只要参数符合要求就可以。因此可以说这种写法类似于 Java 中的接口,提高了程序的复用率,增加了程序的可维护性和可扩展性。也类似于 Java 中的多态性,会根据传入函数的不同而执行不同的动作,但是在设计时使用了统一的函数名。

习 题

1. 选择题

(1) 有以下程序,程序的运行结果是(　　)。

```
#include <stdio.h>
float fun(int x, int y)
{
    return x + y;
}
int main()
```

```
{
    int a = 2;
    int b = 5;
    int c = 8;
    printf("%3.0f\n",fun((int)fun(a+c,b),a-c));
    return 0;
}
```

　　　　A. 编译出错　　　　B. 9　　　　　　C. 21　　　　　　D. 9.0

(2) C语言规定简单变量作为实参时,它和对应形参的数据传递方式是(　　)。

　　　　A. 地址传递

　　　　B. 单向值传递

　　　　C. 由实参传给形参,再由形参传回给实参

　　　　D. 由用户指定传递方式

(3) 以下说法正确的是(　　)。

　　　　A. C语言程序总是从第1个函数开始执行

　　　　B. 在C语言程序中要调用函数,必须在main()函数中定义

　　　　C. C语言程序总是从main()函数开始执行

　　　　D. C语言程序中的main()函数必须放在程序的开始部分

(4) 以下程序的程序运行结果是(　　)。

```
#include <stdio.h>
int fun(int n)
{
    if (n == 1) return 1;
    else return fun(n - 1) + 5 * n;
}
int main()
{
    int i;
    int sum = 0;
    for (i = 1;  i< 5; i++)
    {
        sum += fun(i);
    }
    printf("%d\n",sum);
    return 0;
}
```

　　　　A. 84　　　　　　B. 89　　　　　　C. 34　　　　　　D. 155

2. 填空题

以下是一个用递归求正整数的阶乘,请根据提示补充程序。

```
int fun(int n)
```

```
{
    if ( _____ )                    //如果 n=0
        return 1;
    else
        return ( _____ );           //递归求阶乘
}
```

3. 上机题

(1) 运行并调试以下程序，写出运行结果。

```c
#include <stdio.h>
int main()
{
    char c = 'A';
    int k = 0;
    do
    {
        switch (c++)
        {
        case 'A': k++; break;
        case 'B': k--;
        case 'C': k += 2; break;
        case 'D': k %= 2; continue;
        case 'E': k *= 10; break;
        default: k /= 3;
        }
        k++;
    } while (c < 'G');
    printf("k=%d", k);
    return 0;
}
```

(2) 运行并调试以下程序，写出运行结果。

```c
#include <stdio.h>
int main()
{
    int i, num;
    num = 2;
    for (i = 0; i < 3; i++)
    {
        printf("num=%d\n", num);
        num++;
        {
            auto int num = 1;
            printf("the internal num=%d\n", num);
```

```
            num++;
        }
    }
    return 0;
}
```

(3) 将第(2)题程序中的 auto 改为 static,写出其运行结果,分析有何不同之处。

4. 程序设计题

(1) 编写一个函数,返回两个数中的较大者。

(2) 编写一个程序,要求使用函数 reverse()。reverse()函数能接收一个字符串,按反序存放。在主函数 main()中输入和输出字符串。

(3) 编写一个程序,要求使用函数 myPow()。编写 myPow()幂函数"double myPow (double x,int n)",在主函数 main()中调用 myPow()函数并输出结果。

(4) 编写一个程序,要求使用函数 add()。函数 add()计算两个实数 a 和 b 的和并返回结果。在主函数 main()中调用 add()函数并输出结果。

(5) 编写一个程序,要求使用函数 myAbsoluteValue()。计算两个数的差的绝对值并返回结果。在主函数 main()中调用 myAbsoluteValue()函数并输出结果。

(6) 编写一个程序,要求使用函数 isPrime()。该函数用来判断一个整数是否为素数,如果是则返回 1,否则返回 0。在主函数 main()中调用 isPrime()函数并输出结果。

✎笔记:

第 9 章 指　　针

学习目标
- 理解指针的概念及其内涵。
- 掌握指针变量的定义和使用方法。
- 能合理利用指针形参解决实际问题。
- 理解指针变量与一维数组的关系,能熟练掌握指向一维数组的指针变量操作数组元素。
- 能正确运用字符串指针处理字符串相关问题。
- 了解动态一维数组的建立与使用场景,理解动态分配内存空间。

技能基础

本章首先介绍 C 语言中指针的概念;接着给出 C 语言中指针变量的定义方式,以及指针变量的使用方法,并利用指针形参解决"地址传递"的实际问题;然后介绍指向一维数组的指针变量和指向字符串的指针变量的用法,为后续章节学习结构体知识奠定基础;最后介绍动态一维数组的建立方法与使用场景。指针就是灯塔,也是希望,"希望似灯塔,为迷茫的船只指引航行的方向"。

指针是 C 语言中广泛使用的一种数据类型,运用指针编程是 C 语言最主要的风格之一。利用指针变量可以表示各种数据结构,能很方便地使用数组和字符串,并能如汇编语言一样处理内存地址,从而编出精练而高效的程序。指针极大地丰富了 C 语言的功能。学习指针是学习 C 语言中最重要的一环,能否正确地理解和使用指针是我们是否掌握 C 语言的一个标志。同时,指针也是 C 语言中最为困难的一部分,在学习中除了要正确理解基本概念,还必须要多编程,上机调试。只要做到这些,指针也是不难掌握的。

9.1　指　针　概　述

在计算机中,所有的数据都是存放在存储器中的。一般把存储器中的一个字节称为一个内存单元,不同的数据类型所占用的内存单元数不等。为了正确地访问这些内存单元,必须为每个内存单元编上号。根据一个内存单元的编号即可准确地找到该内存单元。内存单元的编号也叫作地址。既然根据内存单元的编号或地址就可以找到所需的内存单元,所以通常也把这个地址称为指针。

指针是一种表示地址的数据类型,与基本数据类型不同,不是用来存放数据或字符等,指针是用来表示地址。使用指针数据类型声明的变量就是指针变量,对于 int a=10,则 &a 表示变量 a 的地址。可以在程序中测试输出 a 的值和 a 的地址值,参考下面的代码。指针与所指变量的示意如图 9-1 所示。

```
int * p, a=10;        //p 是指针变量,a 是整型变量
p=&a;                 //p 指向变量 a, * p=a
printf("a=%d\n",a);   //输出 a=10
printf("&a=%x",&a);   //输出 &a=010FFE1C,这就是变量 a 的地址值。%x 表示是十六进制
```

图 9-1 指针与所指变量

地址在 VS2019 中打印出来默认是 32 位,因为每 1 个十六进制可以转换为 4 个二进制位,所以 &a 的十六进制形式有 8 位。现在一般计算机都是 64 位的,为什么只有 32 位?因为 VS2019 中默认是 32 位。如果想用 64 位,可在工具栏中把 x86 直接改为 x64。再次运行程序,可以得到 &a=00000009042FF7B4,是一个 16 位十六进制数,转化为二进制就是 64 位了,也就是 64 位的地址了。

提示:后面章节中如果没有特殊说明,都是 32 位的地址。

有的地址不足 8 位的,是前面的 0 省略了。例如,&b=0x002100 只写了 6 位,这只是为了简便,少写了一些 0,实际应该为 &b=0x00002100。

地址就是指针,用来保存地址的变量就是一个指针型变量,如果有 b=&a,则 b 是指针变量。注意区分以下名称。

(1) 指针变量的地址:如 b 的地址为 &b=0056FD50。

(2) 指针变量的值:如 b=&a=010FFE1C,也是指针指向的地址。

(3) 指针指向的内容:如图 9-1 中为 10。

虽然指针变量的值和指针指向的地址是一样的,但实际上是有区别的。指针变量的值为一个内存空间的内容,是可以改动的,在一次赋值后,可以再次被赋值;而指针指向的地址是一个内存空间的地址,是一个常量,不可以改变。

一个指针是一个常量地址;而一个指针变量却可以被赋予不同的指针值,是变量,但常把指针变量简称为指针。定义指针的目的是通过指针去访问内存单元。

1. 指针变量

指针变量的定义:

数据类型名 * 指针变量名;

指针操作符 * 与指针变量类型可以紧挨在一起,也可以有一到多个空格。比如"int * a;"声明一个 int 型指针变量 a,指针变量 a 指向一个 int 型变量的内存空间。其中 * 表示这是一个指针变量,变量名即为定义的指针变量名,类型说明符表示本指针变量所指向的变量的数据类型。

```
int * p1;                  //*p1 是指向整型变量的指针变量
float * p2                 //*p2 是指向浮点变量的指针变量
char * p3;                 //*p3 是指向字符变量的指针变量
```

注意：一个指针变量只能指向同类型的变量。如 p2 只能指向浮点变量，不能时而指向一个浮点变量，时而又指向一个字符变量。

在 Windows 10 系统和 VS2019 下，sizeof(char)的值为 1，sizeof(int)的值为 4。而 sizeof(int * a)和 sizeof(char * b)的值都为 4，即指针类型的节长度一般为 4，这是由于指针类型存储的都是地址值，与内容 int 和 char 无关。

指针变量的赋值："char c = 'A';char * cp;cp = &c;"，这时表示要访问字符变量 c 的值，一种是按变量名直接访问 printf("c=%c\n",c)，另一种是间接访问 printf("c=%c\n", * cp)。

```
printf("&c=%p\n", &c);
printf("cp=%p\n", cp);
```

上面两行代码的结果是一样的，都是变量 c 的地址。%p 为指针类型的输出格式，p 是指针 pointer 的缩写，指针变量值都是十六进制数。

大家一开始在接触到地址的时候，可能有些不习惯，慢慢就会好一点儿，正所谓"勤学似春起之苗，不见其增，日有所长"。

指针变量同普通变量一样，使用之前不仅要定义，而且必须赋予具体的值。未经赋值的指针变量不能使用，否则将造成系统混乱甚至死机。指针变量的赋值只能赋予地址，决不能赋予任何其他数据，否则将引起错误。在 C 语言中，变量的地址是由编译系统分配的，用户不知道变量的具体地址。

下面说明两个与地址变量有关的运算符如下。

(1) &：取地址运算符。
(2) *：指针运算符(或称"间接访问"运算符)。

C 语言中提供了地址运算符 & 来表示变量的地址。其一般形式如下：

& 变量名；

如 &a 表示变量 a 的地址，&b 表示变量 b 的地址。

✏️**笔记**：

【例题 9-1】 编写一个程序，输入两个整数，使用指针，并将数按从小到大的顺序输出。
源代码如下：

```
1    #include <stdio.h>
2    int main()
3    {
4        int * p1, * p2, * temp, data1, data2;
```

```
5      printf("请输入两个整数,以逗号分隔:\n");
6      scanf("%d,%d",&data1,&data2);
7      p1 = &data1;
8      p2 = &data2;
9      if (data1 > data2)
10     {
11         temp = p1;
12         p1 = p2;
13         p2 = temp;
14     }
15     printf("data1=%d,data2=%d\n", data1, data2);
16     printf("small=%d,big=%d\n", *p1, *p2);
17     return 0;
18  }
```

第 7 行和第 8 行代码,用指针 p1 和 p2 分别指向数据 data1 和 data2。

第 9 行代码开始,如果 data1>data2,则交换指针 p1 和 p2。

程序的运行结果如图 9-2 所示。

图 9-2　例题 9-1 程序的运行结果

在一个指针变量中存放一个数组或一个函数的首地址。因为数组或函数都是连续存放的。通过访问指针变量取得了数组或函数的首地址,也就找到了该数组或函数。

【例题 9-2】 编写一个程序,运用函数交换两个整数,并交换两个整型变量的值。

分析:运用 C 语言对两个数进行互换时,最先想到的应是在程序中引入一个辅助变量 temp 来实现。

```
1   #include <stdio.h>
2   int main()
3   {
4       int num1, num2, temp;
5       scanf("%d,%d", &num1, &num2);
6       printf("交换前%d,%d\n", num1, num2);
7       temp = num1;
8       num1 = num2;
9       num2 = temp;
10      printf("交换后%d,%d\n", num1, num2);
11      return 0;
12  }
```

程序的运行结果如图 9-3 所示。

图 9-3 例题 9-2 程序的运行结果

虽然能实现互换功能，但是实际使用时并不方便。要想提高程序的复用性，可以考虑使用函数实现。代码如下：

```
1   #include <stdio.h>
2   void swap(int m, int n)
3   {
4       int temp;
5       temp = m;
6       m = n;
7       n = temp;
8   }
9   int main()
10  {
11      int num1, num2;
12      scanf("%d,%d", &num1, &num2);
13      printf("交换前%d,%d\n", num1, num2);
14      swap(num1, num2);
15      printf("交换后%d,%d\n", num1, num2);
16      return 0;
17  }
```

程序的运行结果如图 9-4 所示。

图 9-4 用函数没有实现交换的程序运行结果

可以发现，两个数并没有交换，这并不是预期结果，分析过程如图 9-5 所示。

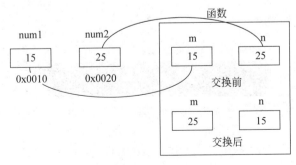

图 9-5 分析过程

（1）程序从 main() 函数开始执行，对变量 num1、num2 进行初始化，系统为变量 num1、num2 分配内存空间。假设变量 num1 的地址为 &num1=0x0010，变量 num2 的地址为 &num2=0x0020。变量值 num1=15，变量值 num2=25。

（2）程序运行到函数 swap(m，n)，此时系统为函数中的形参 m、n 分配内存空间。函数内部对 m、n 进行互换，此时形参 m、n 发生改变。函数执行结束后，形参 m、n 不再存在，也就是图 9-5 中的函数的那个方框中的内容不再存在。

（3）第 15 行代码打印 num1、num2 值，这时 num1、num2 仍为 main 函数中的 num1、num2，所以并没有按照设想的进行了交换。

【例题 9-3】 编写一个程序，交换两个整型变量的值，这个过程在函数 swap() 中完成，两个形参使用指针类型。

程序代码如下：

```
1   #include<stdio.h>
2   void swap(int *p1,int *p2)
3   {
4       int temp;
5       temp = *p1;
6       *p1 = *p2;
7       *p2 = temp;
8   }
9   int main()
10  {
11      int num1, num2;
12      int *point1, *point2;
13      point1 = &num1;
14      point2 = &num2;
15      scanf("%d,%d",&num1,&num2);
16      printf("交换前%d,%d\n", num1, num2);
17      swap(point1, point2);
18      printf("交换后%d,%d\n", num1, num2);
19      return 0;
20  }
```

第 2～8 行代码，指针变量 p1 和 p2 作为函数 swap() 的参数，函数的功能是交换两指针指向的值。

程序的运行结果如图 9-6 所示。

图 9-6 例题 9-3 程序的运行结果

指针变量作为函数参数，调用函数 swap() 结束后，形参 p1 和 p2 已经释放，不存在了，程序结束，变量 num1 和 num2 的值互换了。程序运行分析示意如图 9-7 所示。

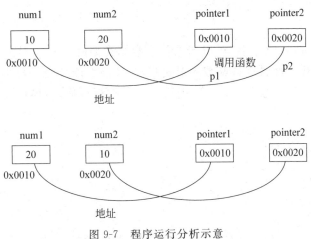

图 9-7　程序运行分析示意

✎笔记：
_____
_____
_____

疑问　在调用函数中，两种交换的比较如图 9-8 所示，把左边的 swap 改为右边的 swap，则会出现什么情况？

```
void swap(int *p1, int *p2)          void swap(int *p1, int *p2)
{                                    {
    int temp;                            int *temp;
    temp =*p1;           改为            temp =p1;
    *p1=*p2;                             p1=p2;
    *p2=temp;                            p2=temp;
}                                    }
```

图 9-8　两种交换的比较

解答：在程序运行时，point1 和 point2 的值分别是 num1 和 num2 的地址。如果想打印出地址，可以用"printf("point1＝％p，point2＝％p\n"，point1，point2);"。比如打印出来 point1＝ 00AFFE78，point2＝00AFFE6C，这就是 num1 和 num2 的地址。图 9-8 中改变 swap 后，首先 temp 获得了形参 p1 的值，也就是 point1 的值 00AFFE78；接着 p1 获得了 p2 的值，也就是 point2 的值 00AFFE6C；最后 p2 获得了 temp 的值 00AFFE78。

p1＝00AFFE6C
p2＝00AFFE78

则＊p1＝20，＊p2＝10。

但是函数调用结束后，指针 p1 和 p2 释放，指针 point1 和 point2 的值并没有改变。所以，＊point1＝10，＊point2＝20，没有达到交换的目的，读者可以自己画图来帮助理解。总之，在函数中交换的是形参的值，并没有改变实参的值。因此，不可能通过执行调用函数来改变实参指针变量的值，但是可以改变实参指针变量所指变量的值。

2. 无类型指针

无类型指针"void * 变量名"可以指向任意数据类型的空间。不能对 void 型指针做加减运算和取内容操作。经常用作函数的形式参数，使函数能接受任意类型的指针变量。另外如果有定义"void * 函数名(){...}"，则可以使用类型转换，转换后可以赋值给任意类型的指针变量。

```
void * func(...){...}
int p1=NULL;
p1=(int *)func(...);
```

9.2 指针形参

在前面的例题中，"void swap(int * p1,int * p2);"用到了指针形参。调用函数时，将实参的值赋值给形参，使用指针变量作为函数参数，可以将一个内存空间的地址传递到函数中，可以通过该地址来操作该地址上的内存空间。

```
void func(int a, int * pt);
int main()
{
    int * p = NULL;
    int m = 10, n = 20;
    p = &n;
    func(10, p);
    printf("%d\n", n);
    return 0;
}
void func(int a, int * pt)        //执行到此时,pt=&n,即 pt 和 p 都指向 n
{//pt 的内容是地址。下面赋值后,地址没有改变。即使改变了,也不影响 p 的值(地址)
    * pt = 30;                    //改变的是 pt 指向的空间的值,即 n 被赋值为 30
}
```

结果 n＝30，可见通过使用指针参数，函数内的操作改变了函数外的变量值。实际上指针作为形参传递的只是它的副本，只能说它们指向同一个内存地址。

函数内的操作改变了函数外的变量值，指针参数可以通过地址传递来间接改变外部的变量值，这种功能是其他类型的参数不能实现的。这种传递变量地址的方式称为地址传递。

地址传递并不是说传递实参的地址，而是指传递的是一个变量的地址，这个地址是实参的值。地址传递实质上仍是值传递。

上述例子中，并不是传递实参 p 的地址 &p，而是变量 n 的地址 &n(即 p)。这种在形参前加上 & 的变量是地址传递。C 语言没有引用传递，而 C++ 是有引用传递的。

为加深理解，可以在 VS2019 中对以上程序进行调试。打上断点后按 F5 键，在"监视"

窗口中添加监视项"p,&p,n,&n",再按F10键,一步步观察变化。也可以直接单击到运行处。右击某一行,注意看一下是否选中了"十六进制显示"。如果是以十六进制显示,则20被显示为0x00000014,30被显示为0x0000001e。也可以再次右击,去掉"十六进制显示",则显示某地址(20)、某地址(30)等。

地址传递并不是说传递实参的地址。可能有的人会问,如果调用函数时用func(10,&n),则传递的不就是实参n的地址吗?请注意,这时的实参不是n,而是&n。实参&n的地址是&(&n)。

9.3 通过指针访问数组

指针变量可以指向变量,也可以指向数组元素,一个数组元素的指针就是该数组元素的地址。可以通过指向数组元素的指针变量,找到所需要的元素。一个数组是由连续的一块内存单元组成的,一个数组也是由各个数组元素组成的,每个数组元素按其类型不同会占有几个连续的内存单元,一个数组元素的首地址也是指它所占有的几个内存单元的首地址。

```
int a[5];                //定义一个数组
int * p;                 //定义一个指向整型变量的指针变量
p=& a [0];               //也就是使p指向a数组的第0号元素,即第一个元素
```

提示:引用数组元素可以使用下标法,也可以使用指针法。

```
p=& a[0];
p=a;
```

上面的两个句子是等价的,数组名a代表的是数组a中第1个元素的地址,&a[0]代表a[0]元素的首地址,所以是等价的。p、a、&a[0]均指向同一单元,它们是数组a的首地址,也是0号元素a[0]的首地址。应该说明的是,p是变量,而a和&a[0]都是常量。指针变量可以实现本身值的改变,如p++是合法的;而a++是错误的。因为a是数组名,是数组的首地址,是一个常量。

另外,数组名a并不能代表整个数组的全部元素,p=a的作用是把数组a的首元素的地址赋值给指针变量p,它不是把数组a各个元素的值赋给p。

通过指针引用数组元素一般包括两种方法:第1种方法是下标法,利用数组名加下标,例如a[2]。第2种方法是指针法(地址法),由于数组名代表数组元素的首地址,因此a+2是a数组序号为2的数字元素的首地址,*(a+2)是序号为2的数组元素的值。*(a+i)是a[i]的值,也可以用一个指针变量p指向数组首元素,然后使用*(p+i)表示a[i]。

【例题9-4】 通过指针读入数组的数据,再通过指针访问数组的元素。

```
1    #include <stdio.h>
2    int main()
3    {
4        int * p, i, a[5];
5        p = a;
```

```
6        for ( i = 0; i < 5; i++)
7        {
8            scanf("%d",p++);
9        }
10       p = a;
11       for (i = 0; i < 5; i++)
12       {
13           printf("%d ", * p++);
14       }
15       printf("\n");
16       return 0;
17   }
```

第 8 行代码也可以写成：

scanf("%d",a[i]);

第 12 行代码也可以写成：

printf("%d ",a[i]);

第 13 行代码，*p++中由于++和 * 运算符具有相同优先级，结合性是自右向左，所以先算 p++，再算 *，但是由于++运算符在变量后，所以先使用 * p，再指向下一个。

程序的运行结果如图 9-9 所示。

图 9-9　例题 9-4 程序的运行结果

疑问

(1) 如果没有第 10 行代码 p=a,会发生什么？为什么？

(2) 写出下列程序的运行结果：

```
1    # include <stdio.h>
2    int main()
3    {
4        int arr[] = { 3,4,5,6 };
5        int * ptr = arr;
6        * (ptr++) += 10;
7        printf("%d, %d\n",( * ptr),( * ptr++));
8        return 0;
9    }
```

程序的运行结果是"5,4"，想一想这是为什么。如果想输出为"4,5"，应该怎么样修改代码？

解答：printf()函数的参数在读取时是从左往右读取的，然后将读取到的参数放到栈里面去,最后读取到的就放在栈顶。处理参数的时候是从栈顶开始的,是从右边开始处理的,所以 printf()函数的执行顺序是从右到左进行运算。

【例题 9-5】 通过指针读入数组的 n 个元素,再进行循环移动,数组尾部的元素到数组头部,使用每个元素依次按顺序向后移动 m 个位置,使得最后 m 个元素变成最前面的 m 个元素,如图 9-10 所示。

图 9-10 数组的元素

比如,数组{1,2,3,4,5}中,n=5 表示有 5 个元素;m=2 表示循环移动 2 次,使得前 2 个元素与后 2 个元素交换。第一次交换后结果为{5,1,2,3,4},第二次结果为{4,5,1,2,3}。

```
1    #include <stdio.h>
2    void exchange(int a[], int n, int m);
3    int main()
4    {
5        int arr[20], n, m, i;
6        int * p;
7        printf("请输入数组元素的个数:\n");
8        scanf("%d", &n);
9        printf("请输入需要前后交换元素的个数:\n");
10       scanf("%d", &m);
11       p = arr;
12       printf("请输入数组元素:\n");
13       for (i = 0; i < n; i++)
14       {
15           scanf("%d", p++);
16       }
17       printf("交换前的数组元素:\n");
18       p = arr;
19       for (int i = 0; i < n; i++)
20       {
21           printf("%5d", * p++);
22       }
23       exchange(arr, n, m);
24       printf("\n交换后的数组元素:\n");
25       p = arr;
26       for (int i = 0; i < n; i++)
27       {
28           printf("%5d", * p++);
29       }
30       return 0;
31   }
32   void exchange(int array[], int n, int m)
33   {
```

```
34          int * t, array_end;
35          array_end = array[n - 1];
36          for (t = array + n - 1; t > array; t--)
37          {
38              * t = * (t - 1);
39          }
40          * array = array_end;
41          m--;
42          if (m > 0)
43              exchange(array, n, m);
44      }
```

程序运行结果如图 9-11 所示。

图 9-11 例题 9-5 程序运行结果

✎笔记：

【例题 9-6】 有 n 个人围成一圈，顺序排号。从第一个人开始报数（从 1～3 报数），凡报到 3 的人退出圈子，将退出顺序依次输出。

编写程序时，注意依次输出从圈中按顺序退出的元素，退出的元素打印出来，所在的位置并不是删除，而是置 0，所以数组的总长度不变。最后不足 3 人时，继续按规则报数，循环往复，直到最后一个人退出。

```
1   #include <stdio.h>
2   int main()
3   {
4       int n, array[50];
5       printf("请输入总人数(n<=50):\n");
6       scanf("%d",&n);
7       for (int i = 0; i < n; i++)
8       {
9           array[i] = i + 1;                       //编号
10      }
11      int k = 0;                                  //报数,到 3 为止后,复位置 0
12      int m = 0;                                  //退出的人数
```

```
13      int * array_end, * p;
14      array_end = array + n;              //数组最后一个元素的下一个位置
15      p = array;
16      while (m<n)
17      {
18          if ((p != array_end) && (* p != 0))
19              k++;
20          if (k == 3)
21          {
22              k = 0;
23              printf("%4d", * p);          //输出当前指针指向的元素
24              * p = 0;                     //将当前指针指向的元素赋值为 0
25              m++;
26          }
27          p++;
28          if (p == array_end)
29              p = array;
30      }
31      return 0;
32  }
```

第 14 行代码，array_end 数组最后一个元素的下一个位置已经没有数组元素了，当指针移到这里时，说明这一趟数组已经访问完毕。如果需要再次访问数组，需要重置指针。重置指针代码参考第 28 行和第 29 行。

第 18 行代码，(p != array_end) && (* p != 0)表示如果指针 p 指向数组中的某一个元素，且这个元素不是 0，也就是没有被访问过，则满足条件。

第 28 行代码，p == array_end 表示需要重置指针，第 29 行代码完成指针重置。

程序的运行结果如图 9-12 所示，下面一行数字表示退出的序列。

图 9-12　例题 9-6 程序的运行结果

9.4　通过指针访问字符串

前面学习过通过"字符数组"来访问字符串，也可以通过指针访问字符串，例如：

```
char * str="I love China!";
printf("%s", str);
```

str 是一个指向字符串的指针变量，把字符串的首地址赋予 str。上面的程序与下面的

程序是等价的。这里是先定义,后赋值。

```
char * str;
str="I love China!";
printf("%s", str);
```

【例题 9-7】 计算字符串中子串出现的次数。

计算字符串子串的数目可以使用公式,长度为 n 字符串的子串数目为 n(n+1)/2+1。字符串的子串,就是字符串中的某一个连续片段。截取一个字符串长度需要一个起始位置和结束位置。

比如,长度为 3 的字符串"abc",子串数目是 7,这个答案是如何求得的呢?可以用列举法一个一个写出来:"a","ab","abc","b","bc","c","",最后一个是空串,共计 7 个。如果字符串字符较多,就不可能每次都一一列举出来。请看下面的分析。

既然子串是一个字符串中连续的一段,因此可以把它抽象为周围有边界的一串字符,如字符串"abcde",可以把子串"bc"抽象为"a|bc|de",这样计算子串数目的问题其实就转化成了计算字符串中放置边界的问题,一个长度为 n 的字符串中可以放置 n+1 个边界,放置第一个边界后可以放置有 n 种选择作为第二条边界,这样得到 n(n+1) 个子串。又因为两个边界顺序互换子串不变,所以结果需要除以 2。最后再加上一个空串,得到 n(n+1)/2+1。

例如,字符串"string"有 6 个字符,可是设置间隔的位置有 7 个,由 n(n+1)/2 可知有 21 个子串。因为空串也是子串,故还需要加上 1,因此总共有 22 个子串。

下面通过程序说明如何计算一个子串出现的次数。

程序代码如下:

```
1    #include <stdio.h>
2    int main()
3    {
4        char str1[100], str2[100], * p1, * p2;
5        int sum = 0;
6        printf("Please input a string:\n");
7        scanf("%s", str1);
8        printf("Please enter a search substring:\n");
9        scanf("%s", str2);
10       p1 = str1;
11       p2 = str2;
12       while( * p1!='\0')
13       {
14           if( * p1== * p2)
15               while( * p1== * p2 && * p2!= '\0')
16               {
17                   p1++;
18                   p2++;
19               }
20           else
21           {
```

```
22              p1++;
23          }
24          if (*p2 == '\0')
25              sum++;
26          p2 = str2;
27      }
28      printf("%d",sum);
29      return 0;
30  }
```

第 7 行代码,输入一个字符串,例如 this_is_that_is_they_are_them。

第 9 行代码,输入一个需要查找的子字符串,例如 th。

第 24 行代码,如果 p2 所指的字符是空串,也要加进去。

程序的运行结果如图 9-13 所示。

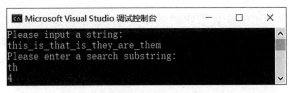

图 9-13 例题 9-7 程序的运行结果

提示:用字符数组和字符指针变量都可实现字符串的存储和运算。但是两者是有区别的。在使用时应注意以下几个问题。

(1) 字符串指针变量本身是一个变量,用于存放字符串的首地址。而字符串本身是存放在以该首地址为首的一块连续的内存空间中并以"\0"作为串的结束。字符数组是由若干个数组元素组成的,可用来存放整个字符串。

(2) 对字符串指针方式:

char *ps="C Language";

可以写为

char *ps;
ps="C Language";

而对数组方式:

char arr[]="C Language";

不能写为

char arr[20];
arr="C Language";

而只能对字符数组的各个元素逐个赋值。

从以上几点可以看出,字符串指针变量与字符数组在使用时的区别,同时也可看出使用指针变量更加方便。

前面说过,当一个指针变量在未取得确定地址前使用是危险的,容易引起错误。但是对字符串指针变量直接赋值是可以的,因为 C 语言对指针变量赋值时要给出确定的地址。

因此,"char *ps="C Langage";"或者"char *ps; ps="C Language";"都是合法的。

9.5 动态一维数组

在 C 语言中,通常形如"int a[10]"建立的是静态一维数组。在定义之后,其类型和数组长度是固定不变的,可能想过用下面的方式来建立一个可变长度的数组。

```
int n;
scanf("%d",&n);
int a[n];                       //编译会报错,C语言不允许这样建立一个可变长度的数组
```

在实际的编程中往往不能确定数组的具体大小,那么在定义数组时只能预先为其设定一个足够大的容量,以满足数据输入的需要。这种做法经常会造成空间浪费等问题。为了提高空间的利用率,希望能够实现数组的动态变化,C 语言中提供了一种动态一维数组的实现方法。

通过 malloc( )、calloc( )、realloc( )等库函数可以申请分配内存空间,而不必非要通过数组才能够获得内存空间。在不需要这些空间时还可以随时用 free( )函数来释放,空间由系统回收,这称为动态存储分配。malloc( )、calloc( )函数的返回值是一个地址,应当把这个地址保存到指针变量中。

提示:在使用 malloc( )、calloc( )、free( )函数时,要包含 #include <stdlib.h> 头文件。malloc( )、calloc( )、free( )的使用方式举例如下。

```
ElemType * p=NULL;              //定义指针变量,ElemType 为相应元素类型
p=(ElemType *)malloc(n*sizeof(ElemType));
                                //n 为数组容量,ElemType * 为指针类型的强制类型转换
ElemType * q=NULL;
q=(ElemType *)calloc(n, sizeof(ElemType));
                                //注意与 malloc()函数的参数一样,但写法不一样
free(指针变量);                   //手动释放空间
free(p);
free(q);
```

通过 malloc( )、calloc( )函数分配的是一块连续的空间,因此可以把这块空间当作一维数组来用,其中存储 malloc( )、calloc( )函数返回值的指针变量 p 和 q 相当于一维数组名。

【例题 9-8】 根据用户的输入建立动态一维数组,输入数据,然后输出。

```
1   #include <stdio.h>
2   #include <stdlib.h>
3   int main()
4   {
5       int * a;                //定义 int 型指针变量,相当于一维数组名
```

```
6       int n, i;
7       printf("请输入数组元素的个数:\n");
8       scanf("%d", &n);                    //指定分配空间的大小
9       a = (int *)malloc(n * sizeof(int)); //分配空间
10      //int *b = a;                        //记录指针
11      for (i = 0; i < n; i++)
12          scanf("%d", &a[i]);             //用 & 来获取地址,优点是不改变指针,不需要指针复位
13          //scanf("%d", a++);
14      //a = b;                             //指针复位
15      for (i = 0; i < n; i++)
16          printf("%d ", *(a + i));        //或 printf("%d",a[i]);
17      free(a);                            //释放存储空间
18      return 0;
19  }
```

第 9 行代码,"a = (int *)malloc(n * sizeof(int));"是为一维数组分配空间,返回一个整型指针。

如果用第 13 行代码替换第 12 行代码,则需要把第 10、13、14 行代码取消注释。这些都是在使用 a++ 指针时需要使用的代码,因为在前一个循环中会导致指针 a 的改变。在第二个循环时,如果指针不复位,就会出现打印结果异常。

第 12 行代码不会改变指针,所以不需要复位。

第 17 行代码是用来释放内存空间的。

提示:从堆上获得的内存空间在程序结束后,系统不会自动释放,需要程序员自己来管理。一个程序结束时,必须保证所有从堆上获得的空间已经被完全释放,否则会导致内存泄漏。

习　　题

1. 选择题

(1) 函数调用时,若用数组名作实参,则传递给形参的是(　　)。
　　A. 数组元素的个数　　　　　　　B. 数组的起始地址
　　C. 数组第一个元素的值　　　　　D. 数组全部元素的值

(2) 若 arr 是一维数组名,p 是指针变量,以下语句中不正确的是(　　)。
　　A. p=arr;　　　B. p++;　　　C. arr++;　　　D. p=&arr[0];

(3) 若有定义"int a[]={2,5,8,1,4,7,3,6,9}, *p=a;",则值为 8 的是(　　)。
　　A. p+=2;*(p++);　　　　　　　B. p+=2;*++p;
　　C. p+=3;*p++;　　　　　　　　D. p+=2;++*p;

(4) 有以下程序:

#include <stdio.h>

```
int main()
{
    int a[2][3] = { 2,5,8,1,4,7 };
    int * p = a;
    int m;
    m=( * p) * ( * (p+2)) * ( * (p+4));
    printf("%d\n",m);
    return 0;
}
```

程序的运行结果是(　　)。

    A. 10   B. 16   C. 32   D. 64

2. 填空题

(1) 请根据提示,补充横线上的内容,使程序完整。该函数的功能是把字符串中的内容逆置。

```
void fun(char * s)
{
    int i, n=strlen(s)-1;
    char ch;
    for (i=0; i<n; i++,_____  )           //长度减1
    {
        ch=s[i];
        _____                              //s[i]与s[n]互换
        _____
    }
}
```

(2) 请根据提示,补充横线上的内容,使程序完整。该函数的功能是统计字符串中的大小写字母的个数,大写字母个数为 upper,小写字母个数为 lower。在 main()函数中调用是 fun(s,&upper,&lower),其中 s 定义为 char s[100]。

```
void fun(char * s, int * a, int * b)
{
    while( * s)
    {
        if ( * s>='A' && * s<= 'Z')
            _____
        if ( * s>='a' && * s<= 'z')
            _____
        s++;
    }
}
```

3. 上机题

(1) 请阅读以下程序,若输入"20 10 5"(3 个数字用空格隔开),请写出运行结果。

```
#include <stdio.h>
void swap(int * a, int * b)
{
    int temp;
    temp = * a;
    * a = * b;
    * b = temp;
}
int main()
{
    int num1, num2, num3;
    printf("请输入 3 个正整数:\n");
    scanf("%d%d%d",&num1,&num2,&num3);
    int * p1, * p2, * p3;
    p1 = &num1;
    p2 = &num2;
    p3 = &num3;
    if (num1 > num2)
        swap(p1,p2);
    if (num1 > num3)
        swap(p1, p3);
    if (num2 > num3)
        swap(p2, p3);
    printf("最后的结果是:%d %d %d", * p1, * p2, * p3);
    return 0;
}
```

(2) 请阅读以下程序,若输入"2 8 9 5 2 1 6 7 3 4"(这 10 个数字用空格隔开),请写出运行结果。

```
#include <stdio.h>
void input(data);
void exchange(data);
void output(data);
int main()
{
    int data[10];
    input(data);
    exchange(data);
    output(data);
    return 0;
}
```

```c
void input(int arr[10])
{
    printf("请输入10个正整数:\n");
    for (int i = 0; i < 10; i++)
    {
        scanf("%d",&arr[i]);
    }
}
void exchange(int arr[10])
{
    int * p;
    int temp;
    int * big, * small;

    big = small = arr;
    for (p=arr+1; p < arr+9; p++)
    {
        if (*p > *big)
            big = p;
        if (*p < *small)
            small = p;
    }
    temp = arr[0]; arr[0] = *small; *small= temp;
    temp = arr[9]; arr[9] = *big; *big = temp;
}
void output(int arr[10])
{
    int * p = arr;
    for (;p < arr+10; p++)
    {
        printf("%d ",*p);
    }
}
```

(3) 请阅读以下程序,写出运行结果。

```c
#include <stdio.h>
int fun(int * a, int n)
{
    int i, k = 0;
    printf("%d, %d\n", *a, n);
    for (i = 0; i < n; i++, a++)
        if (*a % 2)
            continue;
        else
            k += *a;
```

```
        return k;
}
int main()
{
    int array[10] = { 1,2,3,4,5,6,7,8,9,10 }, s;
    s = fun(array + 2, 8);
    printf("%d\n", s);
}
```

4. 程序设计题

二维数组的元素在内存中是按行顺序存放的,即存放完序号为 0 行的全部元素后,接着存放序号为 1 行的全部元素,其他以此类推。编写一个程序,输入一个 3×4 的二维数组,用指针变量指向二维数组,输出二维数组每个元素的值。

✎笔记:

第 10 章　结构体和共用体

学习目标
- 了解结构体与共用体数据的特点。
- 掌握结构体类型的定义和结构体类型变量的定义以及结构体变量的初始化。
- 掌握结构体数组的简单应用。
- 掌握共用体类型的定义。
- 掌握共用体类型变量的定义和赋值方法。
- 掌握结构体类型数据和共用体类型数据在内存中不同的空间单元分配方式。

技能基础

本章首先介绍结构体的概念;其次给出结构体类型变量、结构体变量的初始化、结构体数组;再次介绍共用体的概念,共用体变量的定义及应用;最后通过案例"统计多个学生的成绩"实现了结构体及共用体的应用。结构体体现出一种"海纳百川,有容乃大"的精神,共用体体现出一种"荣辱与共"的精神。

前面的项目中讲解了数组(array),数组是一组具有相同类型的数据集合。但在实际的编程过程中,往往还需要一组类型不同的数据,比如对于学生成绩表,姓名为字符串,学号为整数或字符串,年龄为整数,成绩为小数。因为数据类型不同,显然不能用一个数组来存放。

在 C 语言中,可以使用结构体(struct)来存放一组不同类型的数据。结构体的定义形式如下:

```
struct 结构体名{
    结构体所包含的变量或数组
};
```

结构体是一种集合,里面包含了多个变量或数组,它们的类型可以相同,也可以不同。每个这样的变量或数组都称为结构体的成员(member)。请看下面的一个例子:

```
struct student{
    char name[10];              //姓名
    int num;                    //学号
    int age;                    //年龄
    float score;                //成绩
};
```

student 为结构体名,包含了若干个成员,分别是 name、num、age、score。结构体成员的定义方式与变量和数组的定义方式相同,只是不能初始化。注意大括号后面的分号不能少,这是一条完整的语句。

例如图书的结构体定义,包括书名 title、作者 author、主题 subject、书号 book_id。

```
struct books
{
    char    title[50];
    char    author[50];
    char    subject[100];
    int     book_id;
} book;
```

还定义了结构体变量 book,这个变量是结构体类型。

提示:使用成员操作符"."可以访问结构体成员,这个操作符就是一个点号。成员操作符是一个二元操作符,标准形式为:结构体变量.结构体成员名。例如:

book.title={"C 语言程序设计"};

结构体数组是指数组中的每个元素都是一个结构体。在实际应用中,C 语言结构体数组常被用来表示一个拥有相同数据结构的群体,比如一个班的学生、一个车间的职工等。

✎笔记:

10.1 结　构　体

【例题 10-1】 有 3 个学生,每个学生有 3 门课程的成绩。从键盘上输入学生的学号、姓名、3 门课程的成绩,再输出 3 个学生的数据记录。

程序代码如下:

```
1   #include <stdio.h>
2   struct student
3   {
4       char num[6];
5       char name[15];
6       int score[3];
7       float aver;
8   }stu[3];
9   int main()
10  {
11      int i, j;
12      for (i=0; i<3; i++)
13      {
14          printf("\n请输入第%d个学生的信息\n", i + 1);
```

```
15          printf("请输入学号");
16          scanf("%s", stu[i].num);
17          printf("请输入姓名");
18          scanf("%s", stu[i].name);
19          for (j = 0; j < 3; j++)
20          {
21              printf("请输入第%d个分数",j+1);
22              scanf("%d", &stu[i].score[j]);
23          }
24      }
25      printf("3名学生的数据记录是:\n");
26      for (i = 0; i < 3; i++)
27      {
28          printf("学号:%-6s 姓名:%-15s 分数一:%-8d 分数二:%-8d 分数三:%-8d\n",
    stu[i].num, stu[i].name, stu[i].score[0], stu[i].score[1], stu[i].score[2]);
29      }
30      return 0;
31  }
```

第4行代码中 num[6] 表示学号。

第6行代码中 score[3] 表示3门课成绩。

第7行代码中 aver 表示平均成绩。

第8行代码中 stu[3] 表示3个学生,是一个结构体数组。

第22行代码中 stu[i].score[j] 表示第 i 个学生的第 j 门课程的成绩。

第28行代码中的 printf() 函数在打印数字宽度前面加一个"—",比如-8d,数字宽度为8。如果要打印的位数小于8,则在后面补足空格;如果要打印的位数大于8,则打印所有的数字,不会截断,可以保证左对齐。

程序的运行结果如图 10-1 所示。

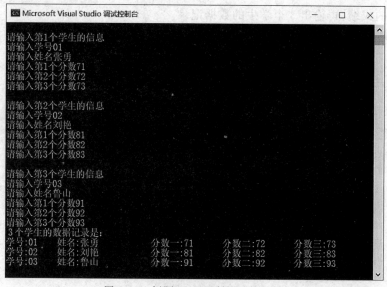

图 10-1 例题 10-1 程序的运行结果

【例题 10-2】 有 5 个学生,每个学生有 3 门课程的成绩,3 门课程分别为语文、数学和英语,从键盘上输入学生的学号、姓名、3 门课程的成绩,计算出每位学生的总分和平均成绩。以上所有数据计算完成后,存放在磁盘文件 student_score 中。

程序代码如下:

```
1    #include <stdio.h>
2    struct student
3    {
4        char num[6];
5        char name[10];
6        int score[3];
7        float aver;
8    }stu[5];
9    int main()
10   {
11       int i, j, sum;
12       FILE * fp;
13       for (i = 0; i < 5; i++)
14       {
15           printf("\n请输入第%d个学生的信息\n", i + 1);
16           printf("请输入学号");
17           scanf("%s", stu[i].num);
18           printf("请输入姓名");
19           scanf("%s", stu[i].name);
20           sum = 0;
21           for (j = 0; j < 3; j++)
22           {
23               if (j == 0)
24                   printf("请输入语文成绩");
25               if (j == 1)
26                   printf("请输入数学成绩");
27               if (j == 2)
28                   printf("请输入英语成绩");
29               scanf("%d", &stu[i].score[j]);
30               sum += stu[i].score[j];
31           }
32           stu[i].aver = sum / 3.0;
33       }
34       if ((fp = fopen("student_score.dat", "wb")) == NULL)
35       {
36           printf("打开文件进行写入失败!");
37           exit(0);
38       }
39       for (i = 0; i < 5; i++)
40       {
```

```
41          if (fwrite(&stu[i], sizeof(struct student), 1, fp) != 1)
42              printf("打开文件进行写入失败!");
43      }
44      if (fp != NULL)
45          fclose(fp);
46      if ((fp = fopen("student_score.dat", "rb")) == NULL)
47      {
48          printf("打开文件进行读取失败!");
49          exit(0);
50      }
51      for (i = 0; i < 5; i++)
52      {
53          fread(&stu[i], sizeof(struct student), 1, fp);
54          printf("学号:%s,姓名:%s,语文:%d,数学:%d,英语:%d,平均分:%f\n", stu[i].num,
55  stu[i].name, stu[i].score[0], stu[i].score[1], stu[i].score[2], stu[i].aver);
56      }
57      if (fp != NULL)
58          fclose(fp);
59      return 0;
60  }
```

第 7 行代码,aver 表示成绩平均值。

第 8 行代码,stu[5]是结构体数组,表示 5 个学生。

提示：结构体数组就是以结构体变量为数组元素的数组。在处理一组类似个人信息之类的复杂数据时,常常需要用到结构体数组。

第 29 行代码,"scanf("％d", &stu[i].score[j]);"注意加上取地址符 &,因为 stu[i].score[j]是 int 型数据,而第 17 行中的 scanf("％s", stu[i].num)和第 19 行中的 scanf("％s", stu[i].name)却没有取地址符 &,因为 stu[i].num 和 stu[i].name 是 char 类型的字符串数组。例如：

```
char str[10];
scanf("%s",str);
```

str 前面不要加 & 符号。定义 str[10] 为 char 数据类型,则 str[10]是一个数组,str 表示数组所在内存的首地址。而 scanf()函数所需要的地址,其实质就是一段数据所对应的内存的起始地址,str 已经是其数据所在的内存段的头地址,自然不需要用 & 取值。

第 30 行代码,"sum += stu[i].score[j];"表示把每一个学生的每门课程的成绩加起来求总成绩,存入 sum 中。

第 32 行代码,"stu[i].aver = sum / 3.0;"表示求每一个学生的平均成绩。除以 3.0 表示要得到小数。

第 34 行代码,"fopen("student_score.dat", "wb");"以二进制写入方式打开文件。注意括号的匹配和编写规范,否则可能出现"Debug Assertion Failed"错误。

第 41 行代码,"fwrite(&stu[i], sizeof(struct student),1,fp);"的意思是将 &stu[i]这个指针所指向的内容输出到 fp 这个文件中;第二个参数表示每次输出的数据单元占 sizeof(struct student)个字节;第三个参数是块数,总共输出1次,因为fwrite返回值是成功写入的块数,返回值为正确输出了几个数据单元,如果输出正确,应该返回1。程序中if(fwrite(&stud[i],sizeof(struct student_type),1,fp)!=1)的意思就是"如果没有将内容正确地写入fp中"。

第54行代码,"平均分:%f"可以改为"平均分:%.2f",保留两位小数。

程序的运行结果如图10-2所示。

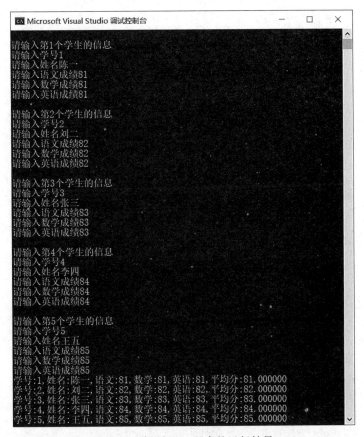

图10-2 例题10-2程序的运行结果

【例题10-3】 有3个学生,从键盘上输入学生的姓名、年龄和出生年月,创建学生的结构体类型。其中出生年月也是结构体,实现结构体的嵌套。再输出学生的全部信息。

程序代码如下:

```
1   #include <stdio.h>
2   #include <string.h>
3
4   struct Date                                    //用于存放生日
5   {
6       int year;
7       int month;
8   };
9
```

```c
10  struct Stu                                      //用于存放学生信息
11  {
12      char name[10];
13      int age;
14      struct Date birthday;                       //结构体嵌套
15  };
16
17  struct Stu students[3];
18
19  void output_stu(struct Stu stu)                 //显示函数
20  {
21      if (strcmp(stu.name, "") != 0)
22      {
23          printf("姓名:%s\n", stu.name);
24          printf("年龄:%d\n", stu.age);
25          printf("出生日期:%d年%d月\n", stu.birthday.year, stu.birthday.month);
26          printf("\n");
27      }
28      else
29          printf("null\n");
30  }
31
32  int main()
33  {
34      int num = 3;
35      for (int i = 0; i < num; i++)
36      {
37          printf("请输入第%d个学生的信息\n", i + 1);
38          if (i >= 1)
39              getchar();
40          printf("请输入姓名:");
41          gets(students[i].name);
42          printf("请输入年龄:");
43          scanf("%d", &students[i].age);
44          printf("请输入生日,");
45          printf("出生的年份:");
46          scanf("%d", &students[i].birthday.year);
47          printf("出生的月份:");
48          scanf("%d", &students[i].birthday.month);
49      }
50      printf("---------------------------\n");
51      for (int i = 0; i < num; i++)
52      {
53          printf("第%d个学生的信息\n", i + 1);
54          output_stu(students[i]);
```

```
55      }
56  }
```

第 4~8 行代码是出生日期的结构体类型 struct Date,并作为一个子类型嵌套在学生结构体类型 struct Stu 里,从第 14 行代码可以看出嵌套。

第 38 行和第 39 行代码是为了读入第二个学生的信息时,把第一个学生最后输入的月份后的回车符给读取了,否则第 41 行代码将读入一个回车符,造成第二个学生的姓名读取不正确。这也是在用 gets()函数时,第一个记录读取正确,第二个记录读取不正确的原因。

程序的运行结果如图 10-3 所示。

图 10-3 例题 10-3 程序的运行结果

请读者添加学生的性别信息,修改程序,实现结构体信息的输入与输出。

✎笔记:

_____

_____

_____

10.2 共　用　体

共用体(union)的数据类型是使用覆盖技术,把几个变量互相覆盖。几个变量类型可以相同,也可以不同,但共占同一段内存空间。共用体的定义如下:

```
union 共用体名{
    成员列表
};
```

比如：

```
union data
{
    int i;
    char ch;
    float f;
}
union data a,b,c;
```

先声明一个 union data 类型，其中 union 是关键字，data 是共用体名，再将 a、b、c 定义为 union data 共用体类型的变量。

共用体形式与结构体类似，但是含义不同。

共用体变量所占内存的长度等于最长成员的长度，结构体变量所占内存的长度等于各成员所占的内存长度之和。上述共用体不是占 2+1+4=7 字节，而是占 4 字节。

共同体成员引用方法如 a.i、a.ch、b.ch、c.f 等。

共用体变量起作用的是最后一个存入的成员，各成员变量的地址是相同的，不能对共用体变量名赋值，不能在定义共用体时同时初始化。共用体可以出现在结构体类型定义中，如下所示。

```
struct myStruct
{
    int num;
    char name[10];
    char sex;
    union myUnion
    {
        int class;
        char position[10];
    }category;
};
struct myStruct person[2];
```

上面定义了结构体数组 person。在结构体类型中包括了共用体类型，分类 category 是结构中的一个成员。共用体中的成员是班级 class 和职位数组 position。如果是学生，则这个空间存放学生的班级信息 class；如果是教师，这个空间存放教师的职位信息 position。

习 题

1. 选择题

（1）当声明一个结构体变量时，系统分配给它的内存是(　　)。

A. 各成员所需内存量的和　　　　　B. 结构中第一个成员所需的内存量
C. 成员中占内存最大者所需的容量　D. 结构中最后一个成员所需内存

(2) 设有以下说明语句：

```
struct stu
{
    int a;
    float b;
}student;
```

则下面的叙述不正确的是(　　)。

A. struct 是结构体类型的关键字　　　B. struct stu 是用户定义的结构体类型
C. student 是用户定义的结构体类型名　D. a 和 b 都是结构体成员名

(3) C 语言结构体类型变量在程序执行期间(　　)。

A. 所有成员一直驻留在内存中　　B. 只有一个成员驻留在内存中
C. 部分成员驻留在内存中　　　　D. 没有成员驻留在内存中

(4) 若有以下说明和语句：

```
struct student
{
    int age;
    char name[20];
}stu,*s;
s = &stu;
```

则以下对结构体变量中成员的引用方式不正确的是(　　)。

A. stu.age　　　B. s->age　　　C. (*s).age　　　D. *s.age

(5) 若有以下说明和语句：

```
struct people
{
    int sex;
    char name[20];
}pe,*p;
p = &pe;
```

则以下对结构体变量 pe 中成员 sex 的引用方式正确的是(　　)。

A. p.pe.sex　　　B. p -> pe.sex　　　C. (*p).pe.sex　　　D. (*p).sex

2. 上机题

阅读以下程序，输入数据自己设定，按照用户屏幕格式写出程序运行结果。

```
#include <stdio.h>
int main()
{
    struct stud
```

```
    {
        int no;
        char * name;
        float score;
    }stu1, stu2;
    stu1.no = 2022;
    stu1.name = "Xi ge";
    printf("Input score: ");
    scanf("%f", &stu1.score);
    stu2 = stu1;
    printf("No: %d\nName: %s\nScore: %5.1f\n", stu2.no, stu2.name, stu2.score);
}
```

3. 程序设计题

（1）编写一个程序，把一个学生的信息（学号、姓名、性别、地址）放在一个结构体变量中，赋初值后，输出这个学生的信息。

（2）编写一个程序，在主函数中声明 struct student 类型，然后定义一个 struct student 类型的变量 stu，再定义了一个指针变量 p，p 指向一个 struct student 类型的变量对象 stu，对 stu 的各个成员赋初值，用指针输出各个成员变量的值。

✎笔记：

第 11 章 文 件

学习目标
- 了解文件以及文件指针的概念。
- 掌握打开文件函数和关闭文件函数的用法。
- 学会使用读文件函数和写文件函数。
- 学会对文件进行简单的操作。

技能基础

本章首先介绍文件和文件指针的概念;其次讲解文件操作相关函数;再次讲解文件的打开与关闭操作,以及文件的读写操作;最后介绍了 C 工程项目的多文件组织形式,为后续章节顺序表和单链表的学习奠定基础。"读书百遍,其义自见",练习多了,自然水到渠成。

C 语言把文件看作是一个字符的序列,由一个个字符的数据顺序组成。根据数据的组织形式,可以将文件分为 ASCII 码文件和二进制文件。ASCII 文件又称文本文件(text file),它的每一个字节存放一个 ASCII 代码,代表一个字符;二进制文件(binary file)是把内存当中的数据按其在内存中的存储形式原样输出到磁盘上。

用 ASCII 形式输出与字符一一对应,一个字节代表一个字符,因而便于对字符逐个处理,也便于输出,但占用的空间一般比较多,而且要花时间来进行转换。用二进制形式输出数据,一个字节并不对应一个字符,因此不能直接输出字符形式。一般中间结果数据需要暂时保存在外存上,后又需要输入内存中,以二进制文件形式保存。

C 语言文件是一个字节流或者是二进制流。系统定义了一个 FILE 形式的结构体类型,在这个结构体类型变量里面存放了一些关于文件的名字、状态以及文件的位置等信息,见下面的代码。有了这个结构体 FILE 类型之后,就可以用它来定义若干个 FILE 类型的变量,以便存放若干个文件的信息。还可以定义一个文件型指针变量 *fp,该变量是一个指向 FILE 类型的结构体的指针变量。可以使 fp 作为指向某一个文件的结构体变量,从而通过该结构体变量的文件信息能够访问相应的文件。

```
typedef struct
{
    char fd;              //文件描述符
    short bsize;          //缓冲区大小
    ...
}FILE;
```

C 语言标准库中常用的基础文件操作相关函数共有 12 个,其中功能函数 6 个(fopen、

fclose、rewind、fseek、ferror、clearerror)，字符读写操作函数 2 个(fputc、fgetc)，格式化字符读写操作函数 2 个(fprintf、fscanf)，二进制读写操作函数 2 个(fread、fwrite)，它们的函数接口都被包含在 stdlib.h 这一头文件中。在使用时要记得包含头文件。

11.1 文件的打开与关闭

要对文件进行读写操作，首先需要打开文件。打开文件是指文件从外存中读出，再放入内存的文件缓冲区中。读写操作都在文件缓冲区中完成，应避免直接读写外存文件。

1. 用 fopen()函数打开文件

用 fopen()函数来实现打开文件，一般形式如下：

```
FILE * fp;
fp=fopen(filename,mode);
```

fopen()函数有两个参数，其中，filename 是一个文件名；mode 是系统规定的字符串，表示打开文件方式的选择。返回值是一个指向 filename 文件的指针，失败会返回 NULL。

在程序中对打开文件是否成功，经常要进行判断，代码如下：

```
if((fp= fopen("D:\\test.dat", "r")) == NULL)
    printf("打开文件失败\n");
```

对于打开文件方式的参数 mode，有以下选项，如表 11-1 所示。

表 11-1 mode 参数相关选项及其作用

读写方式	文件类型	作 用
r	文本文件	以只读方式打开一个文本文件，若文件不存在，则返回 NULL
w	文本文件	以写模式打开一个文本文件，若文件不存在，则新建文件
a	文本文件	打开文本文件，以追加模式写文件，若文件不存在，则返回 NULL
rb	二进制文件	打开二进制文件，只读
wb	二进制文件	建立二进制文件，只写。若文件不存在，则新建文件
ab	二进制文件	打开二进制文件，以追加模式写文件
r+	文本文件	打开文本文件，只读或覆盖写文件
w+	文本文件	打开文本文件，先写后读文件
a+	文本文件	打开文本文件，读文件或追加内容

除了上述，还有一些其他的方式。

总之，带有+号的选项，既可以用来输入数据，也可以用来输出数据；带有 b 的选项表示二进制文件；带有 t 的选项表示文本文件。

2. 用 fclose()函数关闭文件

用 fclose()函数来实现关闭文件，一般形式如下：

```
FILE * fp;
fclose(fp);
```

执行 fclose() 函数后,则 fp 不再指向该文件了。文件指针变量所指向的文件缓冲区中的更改会被写入外存,文件缓冲区会被关闭以释放内存空间。如果正常,函数会返回 0,表示文件关闭成功,否则返回 EOF。

3. 文件的读写

(1) 字符输出函数 fputc()。用法如下:

```
fputc(ch,fp);
```

ch 表示输出的字符,fp 表示文件指针变量。

其功能是写一个字符到 fp 对应文件的当前位置上。如果调用函数成功,则返回字符 ch 的 ASCII 码值;如果失败,则返回值 EOF。EOF 是系统在 stdio.h 中定义的宏,值为 -1。

(2) 字符读入函数 fgetc()。用法如下:

```
ch=fgetc(fp);
```

ch 表示字符变量,fp 表示文件指针变量。

其功能是从指定的文件读入一个字符,该文件必须是以读或读写方式打开的,读入的字符会赋值给 ch。可以用 feof(fp) 来判断是否读到了文件结尾。

```
while(!feof(fp))
{
    ch=fgetc(fp);
    putchar(ch);                               //在屏幕上显示出来
}
```

4. fprintf()和 fscanf()函数

这两个函数分别用于向文件输入格式化数据或者从文件中读取格式化数据。例如:

```
fprintf(fp, "%s+%s\n%d","Hello","World",2022)   //格式化写入字符串
char str[50];
int num;
fscanf(fp, "%s \n%d",str,int)     //从文件中输入内容,按格式赋值给字符串 str 和整数 num
printf("%s \n",str);
```

5. fread()、fwrite()、fgets()、fputs()函数

除了上面的 fgetc() 和 fputs() 函数外,还有一些用来读写文件的函数,如 fread()、fwrite()、fgets()、fputs() 函数。具体用法可以参考其他资料。fread() 和 fwrite() 函数的定义如下:

```
fread(buffer, size, count, fp);
fwrite(buffer, size, count, fp);
```

fread()和fwrite()函数一般用于二进制文件的输入与输出。参数buffer是一个指针，是数据存放的地址；size表示读写的字节数；count表示要多少个size字节的数据，是函数返回值。

例如，fread(&stu[i],sizeof(struct student),1,fp)表示从fp指向的文件读入一个学生的结构体信息到&stu[i]中。fwrite(&stu[i],sizeof(struct student),1,fp)表示把一个学生的结构体信息写入fp指向的文件中。因为不是字符格式，直接用记事本打开只会看到一堆乱码，使用fread()函数可以把内容再读出来。参考下面的代码：

```
char str[20]= "Hello World";
FILE * fp=fopen("test.dat","wb");
fwrite(str,sizeof(char),20,fp);          //数组str写入文件，每次写一个字符，共计20个
FILE * fp2=fopen("test.dat","rb");
char str2[20];
fread (str2,sizeof(char),20,fp2);        //从文件中读入20个字符到数组str2中
printf("%s \n",str2);
```

fgets()函数的功能是从指定文件读一个字符串，该文件由fp指向，n为得到的字符个数，包括"\0"字符，所以实际读了n-1个字符。这n个字符存放到字符数组str中。返回值为str的首地址，读入时遇到换行符或EOF结束。函数定义如下：

```
fgets(str,n,fp)
```

fputs()函数的功能是把字符数组str输出到fp指向的文件中。str可以是字符串常量，可以是字符数组名，也可以是字符型指针。若输出成功，函数返回0；若失败，返回EOF。函数定义如下：

```
fputs(str,fp)
```

【例题 11-1】 从键盘上输入文件名test.c，再输入一些字符，把这些字符显示在屏幕上，并保存在文件中，以"#"作为输入结束标志。

```
1    #include<stdio.h>
2    int main()
3    {
4        FILE* fp;
5        char ch, filename[10];
6        scanf("%s",filename);
7        if ((fp = fopen(filename, "w")) == NULL)
8        {
9            printf("文件不能打开\n");
10           exit(0);
11       }
12       ch = getchar();
13       ch = getchar();
14       while (ch!='#')
15       {
```

```
16              fputc(ch, fp);
17              putchar(ch);
18              ch = getchar();
19          }
20          fclose(fp);
21          return 0;
22      }
```

第 12 行代码表示输入一个文件名。

第 13 行代码表示输入一个字符串。在第 16 行代码中把这里输入的字符串存放到文件中。

第 17 行代码表示在控制台中输出存放在文件中的字符串。

程序的运行结果如图 11-1 所示。

图 11-1　例题 11-1 程序的运行结果

根据项目所在磁盘目录位置，在项目文件夹中找到 test.c 文件，用记事本程序将其打开，文件内容如图 11-2 所示。

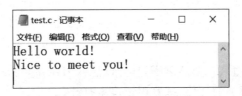

图 11-2　test.c 文件的内容

11.2　多文件的组织结构

如果 C 语言的项目规模较小，则大多数项目只需要写一个 main() 函数，就可以保证程序的逻辑性和可读性。当程序的功能增多时，函数也会增多，可将功能相关、内聚性强的函数放在同一个文件中。如果所有的文件存放在同一个目录下，文件很多时，也会混乱，这时需要将文件归类，存入不同文件夹中。这样便于实现软件的模块化，使软件结构清晰，也便于别人理解程序。

一般地，VS2019 解决方案下可以有多个项目，每一个项目可以有多个文件夹。其中每一个文件夹下又可以分为两个子文件夹：一个为源文件夹，存放 .c 文件；另一个为头文件夹，存放 .h 文件。所有的 .c 源文件一般都有对应的 .h 文件。整个项目中只能有一个 main()

函数,作为程序的执行入口。

建议把所有的常量、宏、系统全局变量和函数原型写在.h 头文件中,以后在需要的时候随时引用这些头文件。而对应的.c 文件需要引用对应的.h 文件,文件内容是函数的定义,也是函数的实现等。

VS2019 中资源文件主要是用到的一些程序代码以外的东西,比如文本文件、图片等。项目文件的组织如图 11-3 所示。

代码复用时,很多的.c 文件可以去引用同一个.h 文件。编译时,这个.h 文件会被存放在多个.c 文件内并被编译多次,这是.h 文件一般只存放声明而不存放函数的定义的原因。如果存放了函数的定义,那么在多个文件内,编译后会生成多个重复的函数的定义,则在链接时会出现重复定义的错误。

头文件的作用是通过它来调用库功能,有时不公开源代码,这时只需要提供头文件和对应的二进制库即可。用户只要按照文件中的接口声明来调用库功能,而不关心接口如何实现,编译器会从库中自行提取代码。头文件还要加强类型安全检查。如果某个接口被使用时其方式与声明中不一致,编译器会指出错误,从而可减轻程序员的调试负担。

图 11-3　项目文件的组织

习　　题

1. 上机题

阅读下面的程序,请输入一个英语语句,并以感叹号结束,写出输出结果。在 Windows 下查看文件夹下有没有相关的文件,试着用记事本打开。

```
#include <stdio.h>
int main()
{
    FILE * fp;
    char str[100], filename[20];
    int i = 0;
    if ((fp = fopen("test", "w")) == NULL)
    {
        printf("打不开文件\n");
        exit(0);
    }
    printf("请输入一个字符串\n");
    gets(str);
    while (str[i] != '!')
    {
        if (str[i] >= 'a' && str[i] <= 'z')
```

```
            str[i] = str[i] - 32;
        fputc(str[i], fp);
        i++;
    }
    fclose(fp);
    fp = fopen("test", "r");
    fgets(str, strlen(str) + 1, fp);
    printf("%s\n", str);
    fclose(fp);
    return 0;
}
```

2. 程序设计题

(1) 将 file1.txt 内容中的数字删除,并将大写字母转换成小写字母,再存放到 files.txt 文件中。

(2) 随机生成 3 个三位整数,并按降序排列,存放到 sort.dat 文件中。

✎笔记:

第 12 章 预 处 理

学习目标
- 了解宏定义,理解 C 语言提供多种预处理功能。
- 掌握含有特殊符号的宏定义。
- 了解条件编译使用场景,理解条件编译的功能。

技能基础

本章首先介绍 C 语言的宏定义;其次介绍含有特殊符号的宏定义;最后介绍条件编译的使用场景,为后续章节的学习奠定基础。自古有"凡事预则立,不预则废""宝剑锋从磨砺出,梅花香自苦寒来"的说法。

C 语言源程序编写完成后再进行编译。C 预处理器在源代码编译之前对其进行一些文本性质的操作,用一段文本替换成另外一段文本,定义和替换由♯define 定义的符号,确定代码部分内容是否根据条件来进行编译。编译一个 C 语言程序首先从预处理阶段开始,主要任务包括删除注释及插入被♯include 引入进来的文件内容。此阶段宏会发挥作用。如果出现编译问题,则提示错误信息或警告信息。

C 语言提供多种预处理功能,主要处理"♯"开始的预编译指令,如宏定义(♯define)、文件包含(♯include)、条件编译(♯ifdef)等。合理使用预处理功能,会使编写的程序便于阅读、修改、移植和调试,也有利于模块化程序设计。

12.1 宏 定 义

C 语言中的预处理命令都是以"♯"开头。宏定义是预处理指令的一种,以♯define 开头,功能是替换源代码文件中的字符串。

无参宏定义格式如下:

♯define 宏名 宏对象体

注意:语句结尾没有分号,宏名与宏对象体之间可以有多个空格。通常使用大写字母定义宏名。

例如下面的代码:

```
#define SIZE 10
int array[SIZE]={0};
```

经过预处理后,第二行代码被替换为"int array[10]={0};"。这个指令告诉 C 预处理器把所有的 SIZE 替换为 10。使用#define 定义常量可增强程序的可读性。

还有一种带参数的宏,带参宏定义格式如下:

#define 宏名(参数列表) 宏函数体

宏名后的左括号必须紧靠宏名。实际应用中较少出现这种形式,一般使用函数。

【例题 12-1】 应用宏#define。如果输入数大于 100,则程序将结束;如果输入数小于等于 100,则输出这个数的平方。

```
1   #include <stdio.h>
2   #define TRUE 1
3   #define FALSE 0
4   #define Square(x) (x) * (x)
5   int main()
6   {
7       int num;
8       int flag = 1;
9       printf("如果输入数大于100,则程序将结束:\n");
10      while (flag)
11      {
12          printf("请输入一个正整数:\n");
13          scanf("%d",&num);
14          if (num<=100)
15          {
16              flag = TRUE;
17          }
18          else
19          {
20              flag = FALSE;
21              printf("程序结束!\n");
22              break;
23          }
24          printf("这个数的平方是:%d\n",Square(num));
25      }
26      return 0;
27  }
```

程序中用宏定义 TRUE 为 1,FALSE 为 0,Square(x)=x^2。在运行程序时如果输入 10,则计算 10 的平方并输出。如果输入的数是 101,则程序结束运行。

12.2 含有特殊符号的宏定义

疑问 以下几种宏定义,分别表达什么含义?

#define Conn(x,y) x##y
#define ToChar(x) #@x

```
#define ToString(x) #x
```

解答：x##y表示什么？表示x连接y，例如，"int n＝Conn(123,456);"的结果就是n＝123456，"char * str＝Conn("asdf","adf");"的结果就是str＝"asdfadf"。

再看#@x，其实就是给x加上单引号，结果返回是一个字符型常量。例如，"char a＝ToChar(1);"的结果就是a＝'1'；做个越界试验，"char a＝ToChar(123);"的结果是a＝'3'。

但是如果参数超过4个字符，编译器就报错为"errorC2015：too many characters in constant"。

最后看一下#x，其作用是给x加双引号。"char * str＝ToString(123132);"的结果是str＝"123132"。

提示："#"是字符串化操作符。其作用是将宏定义中传入的参数名转换成用双引号括起来的参数名的字符串。其只能用于有传入参数的宏定义中，且必须置于宏定义体中的参数名前。例如：

```
#define example(str) #str
```

当使用该宏定义时，"string str1＝example(abc);"在编译时相当于"string str1＝"abc";"。

在预处理时会忽略传入参数名前面和后面的空格。例如，str2＝example(abc)将会被转换成str2＝"abc"；当传入参数中存在空格时，编译器将会自动连接各个子字符串，每个子字符串中只以一个空格连接，其他空格忽略。例如，str3＝example(abc   def)将会被转换成str3＝"abc def"。

另外，"##"是符号连接操作符。比如在宏定义"#define sum(a,b) (a+b)"中，a和b均为形式参数。而"##"的作用则是将宏定义的多个形参转换成一个实际参数名。比如：

```
#define example num(n) a##n
```

此时"int num＝example a(8);"将会转换成"int num＝a8;"。

12.3 条件编译

条件编译是通过判断，实现有选择地编译部分代码的功能。格式如下：

```
#ifdef 标识符
    程序段 1
#else
    程序段 2
#endif
```

提示：可以没有else程序段部分。

条件编译被广泛应用于跨平台编译中。当标识符在该条件编译之前被定义，即有#define 标识符，则要执行程序段1，否则执行程序段2。例如：

```
#ifdef SYSTEM_16
    const int INT_SIZE=16
#else
    const int INT_SIZE=32
#endif
```

以上代码当有#define SYSTEM_16时,则执行INT_SIZE=16,否则执行INT_SIZE=32。

【例题12-2】 使用条件编译来实现字符大小写的转换函数,要求有两个版本,一个为全部转换成大写,另一个为全部转换成小写。

```
1   #include <stdio.h>
2   #define CAPITAL
3   #define SIZE 20
4   #ifdef CAPITAL
5   const char _Z = 'z';
6   const char _A = 'a';
7   const int gap = 'A' - 'a';
8   #else
9   const char _Z = 'Z';
10  const char _A = 'A';
11  const int gap = 'a' - 'A';
12  #endif
13
14  void converse(char* str)
15  {
16      int i = 0;
17      int len = strlen(str);
18      for (i = 0; i < len; i++)
19      {
20          if (str[i] >= _A && str[i] <= _Z)
21              str[i] += gap;
22      }
23  }
24  int main()
25  {
26      char str[SIZE] = "\0";
27      printf("请输入一个单词:\n");
28      gets(str);
29      converse(str);
30      printf("反转后的单词是:\n");
31      puts(str);
32      return 0;
33  }
```

第2行代码定义了CAPITAL,则程序会执行条件编译中的第5~7行代码,而第9~11

行代码则不被执行。编译的结果是将所有的小写字母转为大写字母。

第 14 行 converse() 函数的功能是进行字符大小写转换。

第 20 行代码里是 "_A" 和 "_Z",不是 "A" 和 "Z"。在条件编译中有定义。

第 28 行代码用于得到输入的单词。

第 31 行代码用于输出单词。

程序的运行结果如图 12-1 所示。

图 12-1 例题 12-2 程序的运行结果

如果第 2 行代码没有定义 CAPITAL,即删除第 2 行代码,则程序会执行条件编译中的第 9～11 行代码,而第 5～7 行代码不被执行。则编译的结果是将所有的大写字母转为小写字母。

提示:在调试程序时,常常想要输出一些信息,可以通过 printf() 函数来打印,也可以在监视窗口中观察,还可以通过以下条件编译来处理。

```
#define DEBUG
#ifdef DEBUG
    printf("i=%d\n", i);
#endif
```

运行并调试程序,会输出 i 的值。如果调试结束,不希望输出 i 的值,只需要将 #define DEBUG 删除即可。这时所有用 DEBUG 作 "开关" 标识符的条件编译段中的 printf 语句将不起作用。

另外,条件编译 ifndef 的使用格式如下:

```
#ifndef 标识符
    程序段 1;
#else
    程序段 2;
#endif
```

这种形式与 ifndef 形式的条件编译功能正好相反。如果标识符未被定义过,则执行程序段 1,否则执行程序段 2。

习 题

1. 选择题

(1) 以下程序的运行结果是( )。

```
#include <stdio.h>
#define MIN(x,y) (x<y? x:y)
int main()
{
    int i = 20;
    int j = 50;
    int k;
    k = 5 * MIN(i, j);
    printf("%d\n",k);
    return 0;
}
```

  A. 20   B. 50   C. 100   D. 250

（2）以下程序的运行结果是（ ）。

```
#include <stdio.h>
#define PI 3.14
#define S(x) PI * x * x
int main()
{
    float area=0;
    area = S(1.5);
    printf("%.2f\n",area);
    return 0;
}
```

  A. 7   B. 7.07   C. 7.06   D. 2.25

2. 上机题

（1）阅读以下程序，写出运行结果。

```
#include <stdio.h>
#define swap(p,q) \
{int temp; \
temp = p; \
p = q; \
q = temp; }
int main()
{
    int m = 5;
    int n = 10;
    printf("交换前 m=%d,n=%d\n",m,n);
    swap(m, n);
    printf("交换后 m=%d,n=%d\n",m,n);
    return 0;
}
```

提示：在#define 定义中如果有多行程序，则必须在语句后面加上"\"。

（2）阅读以下程序，写出运行结果。

```c
#include <stdio.h>
#define BIG
#define BIGNUM(x,y) (x>y)?x:y
#define SMALLNUM(x,y) (x<y)?x:y
int main()
{
    int m = 5;
    int n = 10;
    #ifdef BIG
        printf("较大的数是%d\n", BIGNUM(m, n));
    #else
        printf("较小的数是%d\n", SMALLNUM(m, n));
    #endif
    printf("-----------------------\n");
    #ifndef SMALL
        printf("较小的数是%d\n", SMALLNUM(m, n));
    #else
        printf("较大的数是%d\n", BIGNUM(m, n));
    #endif
    printf("-----------------------\n");
    #undef BIG
      #ifdef BIG
        printf("较大的数是%d\n", BIGNUM(m, n));
      #else
        printf("较小的数是%d\n", SMALLNUM(m, n));
      #endif
    printf("-----------------------\n");
    #define SMALL
    #ifndef SMALL
    printf("较小的数是%d\n", SMALLNUM(m, n));
    #else
    printf("较大的数是%d\n", BIGNUM(m, n));
    #endif
    return 0;
}
```

（3）编写以下程序，写出运行结果。

新建一个 compare.h 文件，内容如下：

```c
#define BIGGER >
#define SMALLER <
#define EQUAL ==
```

再新建一个 test.c 文件，内容如下：

```c
#include <stdio.h>
#include "compare.h"
int main()
{
    int p = 5;
    int q = 10;
    int m= 10;
    int n = 15;
    if (p SMALLER q)
        printf("%d 小于%d\n", p, q);
    if (n BIGGER m)
        printf("%d 大于%d\n", n, m);
    if (m EQUAL q)
        printf("%d 等于%d\n", m, q);
    return 0;
}
```

✏笔记：

第 13 章 顺 序 表

学习目标
- 了解线性表和顺序表的结构特点。
- 掌握顺序表的结构体类型。
- 掌握顺序表的初始化、插入、取值、删除、遍历操作。
- 掌握头文件的合理使用。

技能基础

本章首先介绍顺序表数据结构的特点；其次介绍了顺序表的结构体类型，定义顺序表的结构体变量；最后介绍了顺序表初始化、插入、取值、删除、遍历操作，以及如何建立头文件和用函数实现 C 程序文件，并建立测试 C 程序文件。把 C 语言基础知识的内容运用到数据结构的顺序表实现上，体现了"不积跬步，无以至千里；不积小流，无以成江海"。

在认识顺序表之前，先学习一些数据类型和结构体方面的知识。大家可能觉得数据类型和结构体已经学完了，其实还有一些更深入的内容。

13.1 顺序表概述

线性表(linear list)是最常用且最简单的一种数据结构，顺序存储结构的线性表称为顺序表(sequence list)。

线性表是一个有 n 个元素的有限序列，可以标记为 $a_1,a_2,a_3,\cdots,a_n$。除 a_1 和 a_n 外，每一个元素都只有一个直接前驱和一个直接后继，a_2 是 a_3 的直接前驱，a_4 是 a_3 的直接后继。当 $n=0$ 时，为空表。a_i 表示第 i 个数据元素。

顺序存储是在计算机中用一组地址连续的存储单元依次存储线性表的数据元素。第 i 个元素的地址为 $add(i)=add(a_1)+(i-1)\times d$，类似数学中的等差数列公式，其中 $add(a_1)$ 表示第 1 个元素的地址，每个元素占用 d 个存储单元。

顺序表的特点是线性表中逻辑上相邻的元素在计算机内的物理地址上也相邻。只要确定了存储线性表的起始位置，线性表中任一数据元素都可随机存取，所以顺序表是一种随机存取的存储结构。

顺序表的每一元素的存储位置都与顺序表的起始位置相差 $(i-1)\times d$，i 是数据元素在线性表的中的位序,每个元素占用 d 个存储单元。假设第一个元素的起始地址为 b,则第 n 个元素的位置是 $b+(n-1)\times d$,顺序表的存储结构示意如图 13-1 所示。

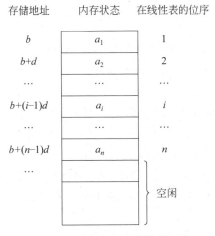

图 13-1　顺序表的存储结构示意

13.2　顺序表的 typedef

由于高级语言中的数组也有随机存取的特性,因此,通常都用数组来描述顺序存储结构。另外,由于线性表的长度可变,且所需最大空间随着问题不同而不同,则在 C 语言中可用动态分配的一维数组来描述。

先定义顺序表的 typedef,得到简化的结构体类型名 SqList,再定义顺序表变量。代码如下:

```
typedef int ElemType;          //元素类型 ElemType 代替 int 型或者自定义为 int 型
typedef struct _SqList{
    ElemType * elem;           //顺序表存储空间的基址(指向顺序表所占内存的起始位置)
    int length;                //当前顺序表长度(包含多少个元素)
    int listsize;              //当前分配的存储容量(可以存储多少个元素)
} SqList;
```

提示:上述定义中如果没有 typedef,则 struct SqList {…} SqList 中,前一个 SqList 是结构体名,后一个 SqList 是结构体变量名,结构体名与结构体变量名两者可以相同,也可以不相同。如果有 typedef,则表示把 struct SqList{…}重新定义为 SqList,是一个结构体类型,用来描述顺序表。

有了上面的定义,就可以使用 SqList 类型来定义顺序表变量了。例如:

```
SqList sq;                     //定义了一个顺序表变量 sq
```

13.3 顺序表的操作

【例题 13-1】 用结构体定义顺序表类型 SqList,插入数据元素,编写插入顺序表函数 ListInsert(),编写遍历顺序表函数 ListTraverse()。再在主函数中调用这两个函数,输出遍历结果。

建立一个项目后,一般要在 VS2019 解决方案资源管理器的项目中新建 3 个文件。

(1) 一个 SqList.h 头文件,内含函数声明、宏定义、结构体定义等内容。

(2) 一个 SqList.c 程序文件,包括函数的实现及变量定义等内容。

(3) 一个 SqList-main.c 测试文件,调用 SqList.c 里面的函数。该文件包含 main()函数,main()函数为标准 C/C++ 的程序入口,编译器会先找到该函数所在的文件。

SqList.h 头文件程序代码如下:

```
1   #ifndef SQLIST_H
2   #define SQLIST_H
3
4   #include <stdio.h>
5   #include <stdlib.h>
6   /* 宏定义 */
7   #define LIST_INIT_SIZE 100            //顺序表存储空间的初始分配量
8   #define LISTINCREMENT 10              //顺序表存储空间的分配增量
9   #define OK 1                          //通过或成功
10  #define ERROR 0                       //错误或者失败
11
12  /* 顺序表元素类型定义 */
13  typedef int ElemType;
14  typedef int Status;
15
16  //系统中已有此状态码定义,要防止冲突
17  #ifndef OVERFLOW
18  #define OVERFLOW -2                   //堆栈上溢
19  #endif
20
21  /*顺序表结构体类型*/
22  typedef struct {
23      ElemType * elem;            //顺序表存储空间的基址(指向顺序表所占内存的起始位置)
24      int length;                 //当前顺序表长度(包含多少元素)
25      int listsize;               //当前分配的存储容量(可以存储多少元素)
26  } SqList;
27
28  Status InitList(SqList * L);                      //初始化
29  Status GetElem(SqList L, int i, ElemType * e);    //取值
```

```
30    Status ListInsert(SqList * L, int i, ElemType e);     //插入
31    Status ListDelete(SqList * L, int i, ElemType * e);   //删除
32    void ListTraverse(SqList L);                          //遍历
33    #endif
```

第 1 行和第 2 行以及最后一行代码,是引用头文件常用的写法。如果两个 C 文件同时用 include 包含同一个头文件,编译时,这两个 C 文件被编译、链接成一个可以执行文件,可能会出现大量的声明冲突。解决问题的方法是:把头文件的内容放在♯ifndef 与♯endif 中,写成♯define 新头文件名,新头文件名由头文件字母全部变为大写及点号变为下划线组成。原来头文件是 SqList.h,要变为 SQLIST_H,这样,无论被其他多少个文件引用,都不会出现声明冲突。

第 7~10 行代码是宏定义,在数据结构的编程中常见。

第 13 行和第 14 行代码为用户自定义类型。

第 22~26 行代码,可以参考前面的解释。SqList 是结构体类型,是自定义的一个新类型。第 23 行代码定义一个整型指针,表示基地址。

第 28 行代码传入的是一个结构体的指针类型的变量。

第 29 行代码传入的是一个结构体类型的变量、一个整型的变量、一个整型指针的变量。

在 VS2019 中,在解决方案资源管理器中的"源文件"下建立 SqList.c 文件。

SqList.c 文件的代码如下:

```
1     #include "SqList.h"
2
3     /*初始化*/
4     Status InitList(SqList * L)
5     {
6         //分配指定容量的内存,如果分配失败,则返回 NULL
7         (*L).elem = (ElemType *)malloc(LIST_INIT_SIZE * sizeof(ElemType));
8         if ((*L).elem == NULL)
9         {
10            //存储内存失败
11            exit(OVERFLOW);
12        }
13        (*L).length = 0;                    //初始化顺序表长度为 0
14        (*L).listsize = LIST_INIT_SIZE;     //顺序表初始内存分配量
15        return OK;                          //初始化成功
16    }
17
18    /*取值*/
19    Status GetElem(SqList L, int i, ElemType * e)
20    {                                       //获取顺序表中第 i 个元素,将其存储到 e 中
21        //因为 i 的含义是位置,所以其合法范围是[1, length]
22        if (i < 1 || i > L.length)
23        {
24            return ERROR;                   //i 值不合法
25        }
```

```
26          *e = L.elem[i - 1];
27          return OK;
28      }
29
30      /*插入*/
31      Status ListInsert(SqList * L, int i, ElemType e)
32      {
33          ElemType * newbase;
34          ElemType * p, * q;
35          //确保顺序表结构存在
36          if (L == NULL || ( * L).elem == NULL)
37          {
38              return ERROR;
39          }
40          //i 值越界
41          if (i < 1 || i > ( * L).length + 1)
42          {
43              return ERROR;
44          }
45          //若存储空间已满,则增加新空间
46          if (( * L).length >= ( * L).listsize)
47          {
48              //基于现有空间扩容
49              newbase = (ElemType * )realloc(( * L).elem, (( * L).listsize + LISTINCREMENT)
50      * sizeof(ElemType));
51              if (newbase == NULL)
52              {
53                  //存储内存失败
54                  exit(OVERFLOW);
55              }
56              //新基址
57              ( * L).elem = newbase;
58              //分配的存储空间
59              ( * L).listsize += LISTINCREMENT;
60          }
61          //q 为插入位置
62          q = &( * L).elem[i - 1];
63
64          //右移元素,腾出位置
65          for (p = &( * L).elem[( * L).length - 1]; p >= q; --p)
66          {
67              *(p + 1) = *p;
68          }
69          //插入 e
70          *q = e;
71          //表长值增加 1
72          ( * L).length++;
```

```c
73      return OK;
74  }
75
76  /*删除*/
77  Status ListDelete(SqList * L, int i, ElemType * e)
78  {
79      ElemType * p, * q;
80      //确保顺序表结构存在
81      if (L == NULL || ( * L).elem == NULL)
82      {
83          return ERROR;
84      }
85      //i值越界
86      if (i < 1 || i > ( * L).length)
87      {
88          return ERROR;
89      }
90      //p为被删除元素的位置
91      p = &( * L).elem[i - 1];
92      //获取被删除元素
93      * e = * p;
94      //表尾元素位置
95      q = ( * L).elem + ( * L).length - 1;
96      //左移元素,被删除元素的位置上会有新元素进来
97      for (++p; p <= q; ++p)
98      {
99          * (p - 1) = * p;
100     }
101     //表长值减1
102     ( * L).length--;
103     return OK;
104 }
105
106 /*遍历*/
107 void ListTraverse(SqList L)
108 {
109     int i;
110     for (i = 0; i < L.length; i++)
111     {
112         printf("%d ", L.elem[i]);
113     }
114     printf("\n");
115 }
```

第31行开始的代码为顺序表中数据元素插入的函数 Status ListInsert(SqList * L, int i, ElemType e),其形式参数"SqList * L"中带星号,表明 SqList * L 是指向顺序表的指针。插入数据 e 的操作是 * q = e。

第 77 行开始的代码为顺序表删除函数是 Status ListDelete(SqList * L, int i, ElemType * e)。它与插入函数不同的是：ElemType * 是整型指针，获取删除数据 e 的操作是 *e = *p。

第 107 行开始的代码为顺序表遍历函数 void ListTraverse(SqList L)。它与前面的插入函数、删除函数不一样，传入的不是指针，而是顺序表。

在 VS2019 中，在解决方案资源管理器中的"源文件"下建立 SqList-main.c 文件。

SqList-main.c 文件的代码如下：

```
1   #include <stdio.h>
2   #include "SqList.h"
3
4   int main()
5   {
6       SqList L;                       //待操作的顺序表
7       int i;
8       ElemType e;                     //元素 e
9       /*初始化*/
10      printf("一、初始化顺序表\n");
11      InitList(&L);
12      /*插入*/
13      printf("二、顺序表的插入\n");
14      for (i = 1; i <= 8; i++)
15      {
16          printf("\t在顺序表中第%d个位置插入\"%d\"\n", i, i);
17          ListInsert(&L, i, i);
18      }
19      /*遍历*/
20      printf("三、顺序表的遍历,元素为:");
21      ListTraverse(L);
22      /*删除*/
23      printf("四、顺序表的删除\n");
24      printf("\t1.删除前顺序表的元素:");
25      ListTraverse(L);
26      printf("\t\t删除顺序表中第 5 个元素\n");
27      if (ListDelete(&L, 5, &e) == OK)
28      {
29          printf("\t\t删除成功,被删除元素是:\"%d\"\n", e);
30      }
31      else
32      {
33          printf("\t\t删除失败,第 5 个元素不存在\n");
34      }
35      printf("\t2.删除后顺序表的元素:");
36      ListTraverse(L);
37      /*取值*/
```

```
38          printf("五、取值\n");
39          GetElem(L, 3, &e);                    //获取顺序表中第 3 个元素,将其存储到 e 中
40          printf("\t顺序表中第 3 个位置的元素为\"%d\"\n", e);
41      }
42
```

在 SqList.c 文件中,经常有 SqList * L 的形参,注意这个星号靠近 SqList,这个星号的意思是把一个指针实参传进来。在 main() 主函数中,传进来的是 &L,参考代码第 17 行和第 27 行。&L 是顺序表的地址,也是一个指针,这样就可以用"L->成员名"来访问结构体成员了;当然,也可以使用"(* L).成员名"来访问结构体成员。

为了保证在程序运行结束后申请的空间被释放,需要加上函数 DestroyList(),代码如下:

```
Status DestroyList(SqList * L) {
    //确保顺序表结构存在
    if(L == NULL || ( * L).elem == NULL) {
        return ERROR;
    }
    //释放顺序表内存
    free(( * L).elem);
    //释放内存后置空指针
    ( * L).elem = NULL;
    //顺序表长度跟容量都归零
    ( * L).length = 0;
    ( * L).listsize = 0;
    return OK;
}
```

当然,如果没有上面的函数 DestroyList(),程序也能够正常运行。

程序的运行结果如图 13-2 所示。

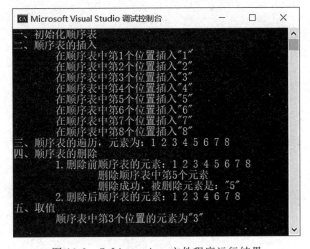

图 13-2 SqList-main.c 文件程序运行结果

习 题

程序设计题

（1）从顺序表中删除具有唯一最小值的元素。

（2）把顺序表中的所有元素逆序存放。

（3）读出顺序表中的第 i 个元素。

（4）在一个有序的顺序表中插入一个新的元素，使得顺序表仍有序。

✎笔记：

第 14 章 单 链 表

学习目标
- 了解链式存储和单链表的结构特点。
- 掌握单链表的结构体类型,定义指向单链表的指针。
- 掌握单链表的初始化、插入、取值、删除、遍历操作。
- 掌握头文件的合理使用。

技能基础

本章首先介绍链式存储结构的特点,以及单链表数据结构的特点。其次介绍单链表的结构体类型,并说明如何定义单链表的结构体变量,如何将结构体变量用作单链表中的结点,如何定义指向单链表的指针。最后介绍了单链表初始化、插入、取值、删除、遍历操作,并建立头文件和函数以便实现 C 程序文件,建立测试 C 程序文件。应把 C 语言指针、结构体基础知识的内容运用到数据结构的单链表实现上,大家要融会贯通、学以致用,使这些内容的学习犹如"珠联璧合"。

线性表中的顺序表在前面已经介绍过,下面开始学习链式存储结构的线性表。

14.1 单链表概述

(1) 链式存储。链式存储是指在计算机中用任意的一组存储单元存储线性表的数据元素,这组存储单元可以是连续的,也可以是不连续的。

(2) 链表。链表是一种动态地进行存储分配的一种结构。在程序设计中,数组存放数据时,必须先定义固定的长度,这可能会造成内存浪费。链表则没有这种缺点,它根据需要开辟内存空间。链表中每一个元素称为"结点",每一个结点包含两部分:一个是用户数据 data;另一个是下一个结点的地址 * next,用指针变量来实现。

(3) 单链表。单链表是一种链式存取的数据结构,用任意的一组地址存储单元存放线性表中的数据元素。单链表中的数据是以结点来表示的,每个结点是由一个数据域和一个指针构成的,数据域就是存储数据的存储单元;指针就是连接每个结点的地址数据,指示后继元素的存储位置。

14.2 单链表的 typedef

前面学习过顺序表的 typedef,得到简化的结构体类型名 SqList,再定义顺序表变量。

```
typedef int ElemType;        //元素类型 ElemType 代替 int 型或者说是自定义为 int 型
typedef struct _SqList{
    ElemType * elem;         //顺序表存储空间的基址(指向顺序表所占内存的起始位置)
    int length;              //当前顺序表长度(确定包含多少元素)
    int listsize;            //当前分配的存储容量(确定可以存储多少元素)
} SqList;
```

类似地,单链表在 C 语言程序设计中,一般用自定义类型 LinkList 表示,用法可以参考图 14-1。

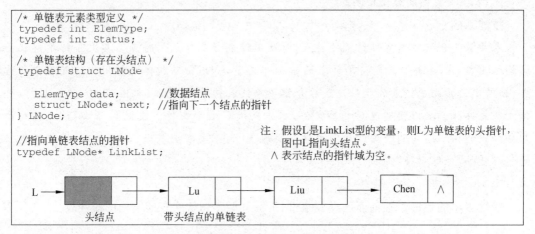

图 14-1 单链表的定义

在图 14-1 中,头结点的数据域可以不存储信息,也可以存储线性表的长度。头结点的指针域指向第一个结点,第一个结点的 data 为 Lu,第一个结点的指针域指向第二个结点,第二个结点的 data 为 Liu,最后一个结点的 data 为 Chen,指针域为"^"(为空)。

提示:结构体变量用作单链表中的结点是最合适的。

另外,如果要在结构体内定义指向本结构体类型空间的指针时,不能省略结构体名。

例如:

```
typedef int ElemType;        //元素类型 ElemType 自定义为 int 型
typedef struct LNode {       //声明结构体类型,功能是一个单链表结构
    ElemType data;           //数据结点
    struct LNode * next;     //指向下一个结点的指针
} LNode, * LinkList;
```

上述定义中如果没有 typedef,则 struct LNode{…}LNode 中,前一个 LNode 为结构体名,后一个 LNode 为结构体变量名,结构体名与结构体变量名两者可以相同,也可以不相同。如

果有 typedef,则表示把 struct LNode 重新定义为 LNode,是一个结构体类型。* LinkList 是指向这个结构体的指针。

在上面的定义中,声明了一个指向本结构体类型空间的指针 * next。这样就可以使用 LNode 类型来定义变量了。

下面的语句定义了一个指向单链表结点的指针。

```
typedef LNode * LinkList;
```

LNode 是单链表结点,上面的语句可以这样理解:LNode 是一个新类型,可以理解为大家所熟悉的 int,那么 int * a 表示 a 是一个指向整型的指针。同理,"typedef struct LNode{…}LNode, * LinkList;"中的 LinkList 是一个指向结构体的指针,简称结构体指针。

typedef LNode * LinkList 中的 * 是与 LNode 相邻的,不是与 LinkList 相邻的。把 LNode * 重命名为 LinkList,以后就可以使用 LinkList 来简化定义 LNode * 类型的变量了,而且是一个指向 struct 变量的指针。应该把定义中的那个 * 与前面的结构体连接在一起考虑,而不是与后面的 LinkList 连接在一起考虑,这是初学者很容易引起疑惑的地方。

📝**笔记:**
_____
_____
_____

14.3　单链表的操作

【例题 14-1】 用结构体定义单链表类型 LinkList,插入数据元素,编写插入单链表函数 ListInsert()及遍历单链表函数 ListTraverse(),在主函数中调用这两个函数,输出遍历结果。

建立一个项目后,一般要在 VS2019 解决方案资源管理器的项目中新建 3 个文件。

(1) 一个 LinkList.h 头文件,内含函数声明、宏定义、结构体定义等内容。

(2) 一个 LinkList.c 程序文件,内含函数实现、变量定义等内容。

(3) 一个 LinkList-main.c 测试文件,调用 LinkList.c 里面的函数,该文件包含 main()函数。

LinkList.h 头文件程序代码如下:

```
1   #ifndef LINKLIST_H
2   #define LINKLIST_H
3   #define OK        1            //通过或成功
4   #define ERROR     0            //错误或失败
5   #include <stdio.h>
6   #include <stdlib.h>
```

```
7   #include <string.h>
8
9   /* 单链表元素类型定义 */
10  typedef int ElemType;
11  typedef int Status;
12
13  //系统中已有此状态码定义,要防止冲突
14  #ifndef OVERFLOW
15  #define OVERFLOW    -2                              //堆栈上溢
16  #endif
17
18  /* 单链表结构(存在头结点) */
19  typedef struct LNode
20  {
21      ElemType data;                                  //数据结点
22      struct LNode * next;                            //指向下一个结点的指针
23  } LNode;
24
25  //指向单链表结点的指针
26  typedef LNode * LinkList;
27
28  Status InitList(LinkList * L);                       //初始化
29  Status GetElem(LinkList L, int i, ElemType * e);     //取值
30  Status ListInsert(LinkList L, int i, ElemType e);    //插入
31  Status ListDelete(LinkList L, int i, ElemType * e);  //删除
32  void ListTraverse(LinkList L);                       //遍历
33  #endif
```

第3行和第4行代码为宏定义,在数据结构的编程中比较常见。

第10行和第11行代码,用户自定义类型。

第19~23行代码,LNode是结构体类型,自定义的一个新类型。第21行代码表示存储数据域,ElemType data是一个int型的data成员变量。

在VS2019中,在解决方案资源管理器的"源文件"下建立LinkList.c文件。

LinkList.c文件的代码如下:

```
1   #include "LinkList.h"
2   /* 初始化 */
3   Status InitList(LinkList * L)
4   {
5       (*L) = (LinkList)malloc(sizeof(LNode));
6       if (*L == NULL)
7       {
8           exit(OVERFLOW);
9       }
10      (*L)->next = NULL;
```

```
11      return OK;
12  }
13  /*取值*/
14  Status GetElem(LinkList L, int i, ElemType * e)
15  {
16      LinkList p;
17      int j;
18      //确保链表存在且不为空表
19      if (L == NULL || L->next == NULL)
20      {
21          return ERROR;
22      }
23      p = L;
24      j = 0;
25      //寻找第 i-1 个结点,且保证该结点的后继不为 NULL
26      while (p->next != NULL && j < i - 1)
27      {
28          p = p->next;
29          ++j;
30      }
31      //如果遍历到头了,或者 i 的值不合法(比如 i<=0),说明没找到适合目标的结点
32      if (p->next == NULL || j > i - 1)
33      {
34          return ERROR;
35      }
36      * e = p->next->data;
37      return OK;
38  }
39  /*插入*/
40  Status ListInsert(LinkList L, int i, ElemType e)
41  {
42      LinkList p, s;
43      int j;
44      //确保链表存在
45      if (L == NULL)
46      {
47          return ERROR;
48      }
49      p = L;
50      j = 0;
51      //寻找第 i-1 个结点,且保证该结点本身不为 NULL
52      while (p != NULL && j < i - 1)
53      {
54          p = p->next;
55          ++j;
```

```c
56      }
57      //如果遍历到头了,或者i的值不合法(比如i<=0),说明没找到适合目标的结点
58      if (p == NULL || j > i - 1)
59      {
60          return ERROR;
61      }
62      //生成新结点
63      s = (LinkList)malloc(sizeof(LNode));
64      if (s == NULL)
65      {
66          exit(OVERFLOW);
67      }
68      s->data = e;
69      s->next = p->next;
70      p->next = s;
71          return OK;
72  }
73  /*删除*/
74  Status ListDelete(LinkList L, int i, ElemType * e)
75  {
76      LinkList p, q;
77      int j;
78      //确保链表存在且不为空表
79      if (L == NULL || L->next == NULL)
80      {
81          return ERROR;
82      }
83      p = L;
84      j = 0;
85      //寻找第i-1个结点,且保证该结点的后继不为NULL
86      while (p->next != NULL && j < i - 1)
87      {
88          p = p->next;
89          ++j;
90      }
91      //如果遍历到头了,或者i的值不合法(比如i<=0),说明没找到适合目标的结点
92      if (p->next == NULL || j > i - 1)
93      {
94          return ERROR;
95      }
96      //删除第i个结点
97      q = p->next;
98      p->next = q->next;
99      *e = q->data;
100     free(q);
```

```
101         return OK;
102     }
103 /*遍历*/
104 void ListTraverse(LinkList L)
105 {
106     LinkList p;
107     //确保链表存在且不为空表
108     if (L == NULL || L->next == NULL)
109     {
110         return;
111     }
112     p = L->next;
113     while (p != NULL)
114     {
115         printf("%d ",p->data);
116         p = p->next;
117     }
118     printf("\n");
119 }
```

第40～72行代码,虽然插入单链表函数Status ListInsert(LinkList L,int i,ElemType e)与顺序表中数据元素插入的函数Status ListInsert(SqList * L,int i,ElemType e)形式上有所不同,一个是"LinkList L"(不带星号),一个是"SqList * L"(带星号),但是都使用的是同一种方式去解决,即LinkList是指向单链表结点的指针,而SqList * L也是指向顺序表的指针。

注意:这个星号靠近SqList,这个参数的意思是把一个指针实参传进来。在main()主函数中传进来的是&sq,参考代码第48行。&sq是顺序表的地址,也是一个指针。这样就可以用"L->成员名"来访问结构体成员了。当然,也可以使用"(*L).成员名"来访问结构体成员。

第74～102行代码,单链表删除函数为Status ListDelete(LinkList L,int i,ElemType * e),而顺序表的删除函数是Status ListDelete(SqList * L,int i,ElemType * e)。对比之后,可以得出与上述插入函数类似的结论。

第104～119行代码,单链表遍历函数为void ListTraverse(LinkList L),顺序表的遍历函数是void ListTraverse(SqList L)。与前面的插入函数、删除函数不一样。

在VS2019中,在解决方案资源管理器的"源文件"下建立LinkList-main.c文件。

LinkList-main.c文件的代码如下:

```
1   #include <stdio.h>
2   #include "LinkList.h"
3   int main()
4   {
5       LinkList L;
6       int i;
7       ElemType e;
```

```
8       /*初始化*/
9       printf("一、初始化链表\n");
10      InitList(&L);
11      /*插入*/
12      printf("二、链表的插入\n");
13      for (i = 1; i <= 8; i++)
14      {
15          printf("\t在链表中第%d个位置插入\"%d\"\n", i, i);
16          ListInsert(L, i, i);
17      }
18      /*遍历*/
19      printf("三、链表的遍历,元素为:");
20      ListTraverse(L);
21      /*删除*/
22      printf("四、链表的删除\n");
23      printf("\t1.删除前链表的元素:");
24      ListTraverse(L);
25      printf("\t\t删除链表中第5个元素\n");
26      if (ListDelete(L, 5, &e) == OK)
27      {
28          printf("\t\t删除成功,被删除元素是:\"%d\"\n", e);
29      }
30      else
31      {
32          printf("\t\t删除失败,第5个元素不存在\n");
33      }
34      printf("\t2.删除后链表的元素:");
35      ListTraverse(L);
36      /*取值*/
37      printf("五、取值\n");
38      GetElem(L, 3, &e);              //获取链表中第3个元素,将其存储到e中
39      printf("\t链表中第3个位置的元素为\"%d\"\n", e);
40  }
```

为了确保申请的空间在程序结束后被释放,可以再加上链表销毁函数 DestroyList()。代码如下:

```
Status DestroyList(LinkList * L) {
    LinkList p;
    //确保链表结构存在
    if(L == NULL || * L == NULL) {
        return ERROR;
    }
    p = * L;
    while(p != NULL) {
        p = ( * L)->next;
```

```
            free(*L);
            (*L) = p;
        }
        *L = NULL;
        return OK;
    }
```

当然,如果没有上面的 DestroyList()函数,程序也能正常运行。

程序的运行结果如图 14-2 所示。

图 14-2 程序的运行结果

虽然运行结果与前面的顺序表结果类似,但是这是两种不同结构的线性表的实现。重点是了解两种结构的设计与实现,而不是运行结果。

习 题

1. 上机题

(1) 编写并运行以下建立单链表的程序,运用尾部插入法建立单链表。请输入 5 个数 "13 86 21 13 56",数字用空格隔开,写出运行结果。

```
#include <stdio.h>
#include <stdlib.h>
struct list
{
    int data;
    struct list * next;
};
typedef struct list node;           //node 是 struct list 类型
typedef node * link;                //link 是一个 node 的指针类型
```

```c
int main()
{
    link ptr, head;
    int num, i;
    head = (link)malloc(sizeof(node));
    ptr = head;
    printf("请输入 5 个数:\n");
    for (i = 0; i <= 4; i++)
    {
        scanf("%d", &num);
        ptr->data = num;
        ptr->next = (link)malloc(sizeof(node));
        if (i == 4)
            ptr->next = NULL;
        else
            ptr = ptr->next;
    }
    ptr = head;
    while (ptr != NULL)
    {
        printf("数值是:%4d\n",ptr->data);
        ptr = ptr->next;
    }
    return 0;
}
```

(2) 请编写并运行以下程序,运用头部插入法建立单链表,每次新的结点都插在头结点 head 之后及其他结点之前。请输入 5 个数 "13 86 21 13 56",数字用空格隔开,写出运行结果。

```c
#include <stdio.h>
#include <stdlib.h>
struct list
{
    int data;
    struct list * next;
};
typedef struct list node;
typedef node * link;
int main()
{
    link ptr, head, tail;              //tail 尾指针
    int num, i;
    tail = (link)malloc(sizeof(node));
    tail->next = NULL;
    ptr = tail;
```

```
        printf("请输入 5 个数:\n");
        for (i = 0; i <= 4; i++)
        {
            scanf("%d", &num);
            ptr->data = num;
            head = (link)malloc(sizeof(node));    //头结点
            head->next = ptr;
            ptr = head;
        }
        ptr = ptr->next;                          //指向头结点的下一个结点,单链表的第一个结点
        while (ptr != NULL)
        {
            printf("数值是:%4d\n", ptr->data);
            ptr = ptr->next;
        }
        return 0;
    }
```

（3）阅读以下程序，先创建单链表，再找到一个最小值输出，并删除该结点。循环执行此过程。写出运行结果。

```
    #include <stdio.h>
    #include <stdlib.h>
    struct list
    {
        int data;
        struct list * next;
    };
    typedef struct list node;
    typedef node * link;
    link  delete_node(link pointer, link tmp)
    {
        if (tmp == NULL)
            return pointer->next;
        else
            tmp->next = tmp->next->next;
        return pointer;
    }
    void selction_sort(link pointer, int num)
    {
        link tmp, beforetmp;
        int i, min;
        for (i = 0; i < num; i++)
        {
            tmp = pointer;
            min = tmp->data;
```

```
            beforetmp = NULL;
            while (tmp->next)
            {
                if (min > tmp->next->data)
                {
                    min = tmp->next->data;
                    beforetmp = tmp;
                }
                tmp = tmp->next;
            }
            printf("\40:%d\n", min);
            pointer = delete_node(pointer, beforetmp);
        }
}
link create_list(int array[], int num)
{
    link tmp1, tmp2, pointer;
    pointer = (link)malloc(sizeof(node));
    pointer->data = array[0];
    tmp1 = pointer;
    for (int i = 1; i < num; i++)
    {
        tmp2 = (link)malloc(sizeof(node));
        tmp2->data = array[i];
        tmp1->next = tmp2;
        tmp1 = tmp1->next;
    }
    tmp1->next = NULL;
    return pointer;
}
int main()
{
    int arr[7] = { 1,3,8,6,2,0,5 };
    link ptr;
    ptr = create_list(arr, 7);
    selction_sort(ptr,7);
    return 0;
}
```

（4）以下程序有两个单链表，请将其合并成一个单链表，并写出运行结果。

```
#include <stdio.h>
#include <stdlib.h>
struct list
{
    int data;
```

```c
    struct list * next;
};
typedef struct list node;
typedef node * link;
link  concatenate(link pointer1, link pointer2)
{
    link tmp;
    tmp = pointer1;
    while (tmp->next)
    {
        tmp = tmp->next;
    }
    tmp->next = pointer2;
    return pointer1;
}
link create_list(int array[], int num)
{
    link tmp1, tmp2, pointer;
    pointer = (link)malloc(sizeof(node));
    pointer->data = array[0];
    tmp1 = pointer;
    for (int i = 1; i < num; i++)
    {
        tmp2 = (link)malloc(sizeof(node));
        tmp2->data = array[i];
        tmp1->next = tmp2;
        tmp1 = tmp1->next;
    }
    tmp1->next = NULL;
    return pointer;
}
int main()
{
    int arr1[] = { 1,3,8 };
    int arr2[] = { 6,2,0,5 };
    link ptr1,ptr2,p;
    ptr1 = create_list(arr1, 3);
    ptr2 = create_list(arr2, 4);
    p=concatenate(ptr1, ptr2);
    while (p->next)
    {
        printf("%4d", p->data);
        p = p->next;
    }
    printf("%4d", p->data);
```

```
        return 0;
}
```

2. 程序设计题

（1）从单链表中删除具有唯一最小值的元素。
（2）把单链表中的所有元素逆序存放。
（3）读出单链表中的第 i 个元素。
（4）在一个有序的单链表中插入一个新的元素，使单链表仍有序。

笔记：

第 15 章 二 叉 树

学习目标
- 了解树形数据结构和二叉树的结构特点。
- 掌握二叉树的结构体类型,定义指向二叉树结点的指针。
- 理解多个头文件和多个 C 文件的编译过程。
- 掌握二叉树的先序遍历、中序遍历、后序遍历操作。

技能基础

本章首先介绍二叉树结构的特点;然后介绍二叉树的结构体类型,定义二叉树的结构体变量,定义指向二叉树结点的指针;接着介绍建立顺序栈等头文件和函数,以便实现 C 程序文件,并进行二叉树初始化和非递归中序遍历操作,建立测试 C 程序文件;最后讲解递归遍历二叉树的操作。把 C 语言中的栈、指针、结构体等基础知识的内容运用到数据结构的二叉树实现上。其实人生就像一棵二叉树,从根开始,或左或右,一路走下去,理想的结点就在前方。

在学习完单链表之后,再学习一些二叉树的知识,可以更加深入地了解树形数据结构的存储方法,从而更好地掌握遍历二叉树的 C 语言实现方法。

二叉树是 n 个有限元素的集合,该集合或者为空,或者由一个称为根(root)的元素和两个不相交的、被分别称为左子树和右子树的二叉树组成。二叉树属于有序树。

左子树、右子树可以为空,最常见的二叉树形态如图 15-1 所示。该二叉树只有 2 层。非空二叉树可以有一到多层。

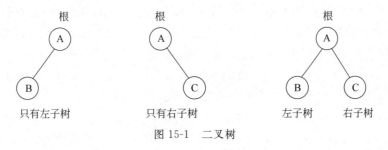

图 15-1 二叉树

15.1 二叉树的 typedef

二叉树(binary tree)在 C 语言程序设计中一般用自定义类型 BiTree 表示,程序代码如下。

```
/* 二叉树结点定义 */
typedef char TElemType;
typedef struct BiTNode {
    TElemType data;                  //结点元素
    struct BiTNode * lchild;         //左孩子指针
    struct BiTNode * rchild;         //右孩子指针
} BiNode;
/* 声明指向二叉树结点的指针 */
typedef BiNode * BiTree;
```

其中,二叉树结点用 BiNode 表示;数据域 data 为 TElemType(Tree Element Type)类型,表示树的数据类型,假设为 char 型。两个指针域,左孩子指针简称"左指针",左指针 lchild 指向左孩子;右孩子指针简称"右指针",右指针 rchild 指向右孩子,并且这两个指针都是二叉树结点的指针。若左指针和右指针为"^",即都为空,则此结点称为"叶子"结点。

提示:二叉树结点用 BiNode 表示,是结构体类型;二叉树 BiTree 是指针类型,是指向 BiNode 型的指针。

这个与单链表的定义相似,只不过是多了一个指针而已。

```
typedef int ElemType;               //元素类型 ElemType 自定义为 int 型
typedef struct LNode {              //声明结构体类型,功能是一个单链表结构
    ElemType data;                  //数据结点
    struct LNode * next;            //指向下一个结点的指针
} LNode, * Linklist;
```

15.2 二叉树的操作

遍历二叉树是按一定的规则和顺序访问二叉树的所有结点,使每一个结点都只被访问一次。遍历二叉树可分为先序遍历、中序遍历、后序遍历。先序遍历首先访问根结点,然后遍历左子树,最后遍历右子树。中序遍历首先遍历左子树,然后访问根结点,最后遍历右子树。后序遍历首先遍历左子树,然后遍历右子树,最后访问根结点。

在 C 语言中,一个项目或工程可能有多个.h 头文件及多个.c 文件。理解其中的编译过程,有助于提高程序设计水平,发现其中的错误,易于维护项目。

下面介绍多.c 文件和多.h 文件的编译工作过程。

在 C 文件中,出现.h 头文件时,在编译程序的汇编阶段,编译器会用".h 文件中的内容"替换"该行的代码",起到"替换"的作用。

假设一个程序中有 a.h、b.c 和 main.c 文件,首先,编译器已经对 a.h 文件进行了包含预处理,主程序编译时,将 a.h 文件内的声明替换到主程序 main.c 中。其次,工程中还有.c 文件存在,有 main.c 和 b.c 这两个 C 文件,编译器分别对这两个文件进行编译,生成两个.obj 中间文件,再对两个.obj 文件进行链接,生成一个可执行的二进制文件。

如果 a.h 有一个声明为"void set(int x);",在 b.c 中又有一个"void set(int x,int y);",

则在编译过程中就会出现错误,因为这两个参数不一致。了解了多文件的编译过程,就可以比较快速地找到问题的根源。

假设有如下的二叉树项目,其中头文件包括 SqStack.h 和 BiTree.h,源程序文件包括 SqStack.c、BiTree.c 和 BiTree-main.c 文件。主函数 main()在 BiTree-main.c 文件中,是项目运行的入口,文件间的引用如图 15-2 所示。

图 15-2　头文件间的引用

✎ 笔记:
_____
_____
_____

【例题】　用结构体定义二叉树结点类型 BiNode,再定义指向二叉树结点的指针 BiTree。构造一棵二叉树,让用户输入先序遍历的二叉树,插入数据元素。再编写中序遍历二叉树函数 InOrderTraverse(),在主函数中调用这个函数,输出遍历结果。

建立一个项目后,一般要在解决方案资源管理器的项目中新建 5 个文件。新建的头文件包括 BiTree.h 和 SqStack.h,新建的源程序文件包括 BiTree.c、SqStack.c 和 BiTree-main.c 文件。

(1) 新建一个 BiTree.h 头文件,内含函数声明、宏定义、结构体定义等内容。
(2) 新建一个顺序栈 SqStack.h 头文件,内含函数声明等。
(3) 新建一个 BiTree.c 程序文件,内含函数实现、变量定义等内容。
(4) SqStack.c 文件是顺序栈的实现。
(5) 新建一个 BiTree-main.c 测试文件,调用 BiTree.h 声明的函数,再链接 BiTree.c 实现的函数。该文件包含 main()函数。

BiTree.h 文件代码如下:

```
1   #ifndef BITREE_H
2   #define BITREE_H
3   #define OK         1                              //通过
4   #define ERROR      0                              //错误
5   #define TRUE       1                              //成功
6   #define FALSE      0                              //失败
7   #ifndef OVERFLOW
8   #define OVERFLOW   -2                             //堆栈上溢
```

```
9   #endif
10
11  #include <stdio.h>
12  #include <stdlib.h>
13  /* 二叉树元素类型定义,这里假设其元素类型为char */
14  typedef char TElemType;
15  typedef int Status;
16  /* 二叉树结点定义 */
17  typedef struct BiTNode
18  {
19      TElemType data;                                      //结点元素
20      struct BiTNode* lchild;                              //左孩子指针
21      struct BiTNode* rchild;                              //右孩子指针
22  } BiTNode;
23  /* 指向二叉树结点的指针 */
24  typedef BiTNode* BiTree;
25  Status InitBiTree(BiTree* T);                            //初始化
26  Status CreateBiTree(BiTree* T);                          //创建二叉树
27  Status InOrderTraverse(BiTree T, Status(Visit)(TElemType));  //非递归中序遍历
28  #endif
```

第 27 行代码,Status(Visit)(TElemType)即为 int(Visit)(int),Visit 是自定义函数名,函数名既是地址,又是函数型指针,所以也有定义 int(*Visit)(int)。

类似 Java 中的多态性,中序遍历的时候,Status(Visit)(TElemType)为形参;调用时,函数 InOrderTraverse()传递的是实参 PrintElem。PrintElem 的定义在 BiTree-main().c 中,其功能是打印元素。如果传进来的是其他函数,则执行相应的操作。

```
Status PrintElem(TElemType c)
{
    printf("%c", c);
    return OK;
}
```

SqStack.h 文件代码如下:

```
1   #ifndef SQSTACK_H
2   #define SQSTACK_H
3   #include <stdio.h>
4   #include <stdlib.h>
5   #include "BiTree.h"
6   /* 宏定义 */
7   #define STACK_INIT_SIZE 100              //顺序栈存储空间的初始分配量
8   #define STACKINCREMENT  10               //顺序栈存储空间的分配增量
9
10  /* 顺序栈元素类型定义 */
```

```
11   typedef BiTree SElemType;
12
13   //顺序栈元素结构
14   typedef struct
15   {
16       SElemType * base;                    //栈底指针
17       SElemType * top;                     //栈顶指针
18       int stacksize;                       //当前已分配的存储空间,以元素为单位
19   } SqStack;
20   Status InitStack(SqStack * S);           //初始化
21   Status StackEmpty(SqStack S);            //判空
22   Status GetTop(SqStack S, SElemType * e); //取值
23   Status Push(SqStack * S, SElemType e);   //入栈
24   Status Pop(SqStack * S, SElemType * e);  //出栈
25   #endif
```

在分析栈时,注意栈顶指针是指向栈顶元素的下一个元素的地址,是一个空指针,所以程序中有弹出空指针的运算。

BiTree.c 文件代码如下:

```
1    #include "BiTree.h"
2    #include "SqStack.h"
3
4    //初始化
5    Status InitBiTree(BiTree * T)
6    {
7        * T = NULL;                          //构造空树
8        return OK;
9    }
10   //创建二叉树,用先序创建二叉树
11   Status CreateBiTree(BiTree * T)
12   {
13       char ch;                             //结点的值
14       scanf("%c", &ch);
15       if (ch == '^')                       //如果结点的值是"^",则当前结点是一个空二叉树
16       {
17           * T = NULL;
18       }
19       else
20       {
21           * T = (BiTree)malloc(sizeof(BiTNode));  //创建结点
22           if (!(* T))                      //生成失败
23           {
24               exit(OVERFLOW);
```

```c
25      }
26          (*T)->data = ch;                        //生成根结点
27          CreateBiTree(&((*T)->lchild));          //创建左子树
28          CreateBiTree(&((*T)->rchild));          //创建右子树
29      }
30      return OK;
31  }
32  //中序遍历非递归算法
33  Status InOrderTraverse(BiTree T, Status(Visit)(TElemType))
34  {
35      SqStack S;
36      BiTree p;
37      InitStack(&S);
38      Push(&S, T);                                //根指针入栈
39      while (!StackEmpty(S))
40      {
41          while (GetTop(S, &p) && p != NULL)      //向左走到尽头
42          {
43              Push(&S, p->lchild);
44          }
45          Pop(&S, &p);                            //空指针退栈
46          if (!StackEmpty(S))
47          {
48              Pop(&S, &p);                        //访问结点
49              if (!Visit(p->data))
50              {
51                  return ERROR;
52              }
53              Push(&S, p->rchild);                //向右一步
54          }
55      }
56      printf("\n");
57      return OK;
58  }
```

第 4 行开始的代码表示二叉树的初始化,由定义可知:BiTree 表示 BiTNode *,是一个指针,因此 BiTree * 表示 BiTNode**。主函数所在文件 BiTree-main.c 第 12 行代码"BiTree T;"中二叉树的类型 type(Tree)为 BiTree,形参中二叉树的类型 type(T)为 BiTree *,因此"InitBiTree(BiTree * T)"相当于 T = &Tree,即 *T = Tree。在程序中,"*T == NULL"表示"Tree == NULL",是一个空二叉树。没有使用"InitBiTree(BiTree T)"来初始化二叉树和"CreateBiTree(BiTree * T)"创建二叉树的原因是:创建的二叉树返回后为空,不能遍历。所以通过用 &tree 作实参,&tree 是 BiNode * 类型指针的地址。在调用函数时将该地址传送给形参 T(T 是指针变量),这样 T 就指向 tree。在函数中改变结构体内

成员的值，在主函数中就输出了改变后的值。

程序中使用的是中序遍历非递归算法，如果使用中序遍历递归算法，则程序会变得相对简单一些。中序遍历递归算法如下：

```
Status InOrderTraverse(BiTree T, Status(Visit)(TElemType)) {
    Status status;
    status = InTraverse(T, Visit);
    printf("\n");
    return status;
}
static Status InTraverse(BiTree T, Status(Visit)(TElemType)) {
    if(T) {
        if(InTraverse(T->lchild, Visit)) {
            if(Visit(T->data)) {
                if(InTraverse(T->rchild, Visit)) {
                    return OK;
                }
            }
        }
        return ERROR;
        //遇到空树则无须继续计算
    } else {
        return OK;
    }
}
```

在掌握了非递归的基础上，再运用递归算法来测试本程序。
SqStack.c 文件代码如下：

```
1   #include "SqStack.h"
2   //初始化
3   Status InitStack(SqStack * S)
4   {
5       if (S == NULL)
6       {
7           return ERROR;
8       }
9       ( * S).base = (SElemType * )malloc(STACK_INIT_SIZE * sizeof(SElemType));
10      if (( * S).base == NULL)
11      {
12          exit(OVERFLOW);
13      }
14      ( * S).top = ( * S).base;
15      ( * S).stacksize = STACK_INIT_SIZE;
16      return OK;
```

```c
17  }
18  //判断是否为空
19  Status StackEmpty(SqStack S)
20  {
21      if (S.top == S.base)
22      {
23          return TRUE;
24      }
25      else
26      {
27          return FALSE;
28      }
29  }
30  //取值
31  Status GetTop(SqStack S, SElemType * e)
32  {
33      if (S.base == NULL || S.top == S.base)
34      {
35          return 0;
36      }
37      //不会改变栈中元素
38      * e = * (S.top - 1);
39      return OK;
40  }
41  //入栈
42  Status Push(SqStack * S, SElemType e)
43  {
44      if (S == NULL || ( * S).base == NULL)
45      {
46          return ERROR;
47      }
48      //栈满时,追加存储空间
49      if (( * S).top - ( * S).base >= ( * S).stacksize)
50      {
51          ( * S).base = (SElemType * )realloc(( * S).base, (( * S).stacksize +
52  STACKINCREMENT) * sizeof(SElemType));
53          if (( * S).base == NULL)
54          {
55              exit(OVERFLOW);                    //存储空间分配失败
56          }
57          ( * S).top = ( * S).base + ( * S).stacksize;
58          ( * S).stacksize += STACKINCREMENT;
59      }
60      //进栈先赋值,栈顶指针再自增
```

```
61      *(S->top++) = e;
62      return OK;
63  }
64  //出栈
65  Status Pop(SqStack* S, SElemType* e)
66  {
67      if (S == NULL || (*S).base == NULL)
68      {
69          return ERROR;
70      }
71      if ((*S).top == (*S).base)
72      {
73          return ERROR;
74      }
75      //出栈栈顶指针先递减,再赋值
76      *e = *(--(*S).top);
77      return OK;
78  }
```

BiTree-main.c 文件代码如下:

```
1   #include <stdio.h>
2   #include "BiTree.h"
3
4   //测试函数,打印元素
5   Status PrintElem(TElemType c)
6   {
7       printf("%c", c);
8       return OK;
9   }
10  int main()
11  {
12      BiTree tree;
13      printf("一、初始化空二叉树\n");
14      InitBiTree(&tree);
15      printf("二、按先序创建二叉树\n");
16      printf("\t请按先序输入二叉树的结点,空结点用 ^ 表示\n");
17      CreateBiTree(&tree);
18      printf("三、中序遍历二叉树");
19      InOrderTraverse(tree, PrintElem);
20  }
```

二叉树进行置空操作后,已经释放二叉树所占内存,就不需要再销毁了。置空操作 ClearBiTree 的代码如下:

```
Status ClearBiTree(BiTree* T) {
```

```
        if(T == NULL) {
            return ERROR;
        }
        //在*T不为空时进行递归清理
        if(*T) {
            if((*T)->lchild!=NULL) {
                ClearBiTree(&((*T)->lchild));
            }
            if((*T)->rchild!=NULL) {
                ClearBiTree(&((*T)->rchild));
            }
            free(*T);
            *T = NULL;
        }
        return OK;
    }
```

当然，没有上面的函数 ClearBiTree，程序也能够正常运行。

运行并测试程序，需要输入先序遍历的二叉树的扩展树，空结点用键盘上数字 6 的上档位符号"^"表示。假设要输入的二叉树如图 15-3 所示。

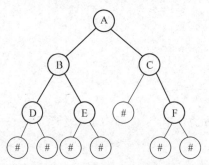

图 15-3　扩展的二叉树

为了便于画图，图 15-3 中用"♯"代替了"^"，这是一棵扩展的二叉树。图中♯号结点都是扩展结点。输入时，请输入先序遍历的二叉树的扩展树，即为"ABD^^E^^C^F^^"。

程序的运行结果如图 15-4 所示。

图 15-4　SqStack.c 程序的运行结果

上述二叉树的中序遍历结果为：DBEACF。

习 题

程序设计题

(1) 求二叉树最远的两个结点的距离。
(2) 由前序遍历和中序遍历重建二叉树。
(3) 判断一棵树是否是完全二叉树。
(4) 给定一个二叉树,找出其最大深度。
(5) 给定一个二叉树,写出后序遍历的序列。

✎笔记:

第 16 章 图

学习目标
- 了解图的数据结构特点。
- 掌握无向图的邻接表表示方法,图的结构体类型。
- 掌握无向图的邻接表存储表示类型定义。
- 掌握图的深度优先搜索和广度优先搜索操作。

技能基础

本章首先介绍图的数据结构特点;然后介绍无向图邻接表的表示方法,并定义图的结构体类型,定义每个链表的头结点,定义无向图的邻接表存储表示类型;接着介绍构造一个无向图,让用户输入图的顶点数、图的边数、顶点集、边的集合;又说明如何创建无向图,并输出图的邻接表;最后输出图的深度优先搜索和广度优先搜索结果。要刻苦学习,新时代的青年人要有"志之所趋,无远弗届,穷山距海,不能限也"的精神。

前面几章学习了线性结构、树形结构的 C 语言实现方法,本章学习图形结构的 C 语言实现方法。

16.1 图 概 述

图(graph)是一种比线性表和树更复杂的数据结构,是由点集和这些点的连线边集所组成的,其中点通常称为顶点(vertex),而点到点的连线通常称为边或者弧(edge),通常记为 G=(V,E)。

平时用地图导航,可以把每个地方看作一个点,点与点就有联系。导航路径规划或人物关系梳理,其实本质上都是图的应用。

线性表中把数据元素叫元素,树形结构中将数据元素叫结点,在图中的数据元素则称为顶点。线性表中,相邻的数据元素具有线性关系。树形结构中,相邻两层的结点具有层次关系。图中任意两个顶点都可能有关系,顶点的逻辑关系用边来表示,边集可以是空的。

邻接(adjacency)是两个顶点的一种关系。如果图包含(A,B),则称顶点 A 与顶点 B 邻接。在无向图中,这也意味着顶点 B 与顶点 A 邻接。如果一个图中,所有的边都没有方向性,那么这种图便称为无向图。典型的无向图如图 16-1 所示。

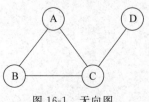

图 16-1 无向图

由于无向图中的边没有方向性,这样在表示边的时候,对两个顶点的顺序没有要求。例如,顶点 A 和顶点 B 的边可以表示为(A,B),也可以表示为(B,A)。对于上面的无向图,对应的顶点集合和边集合如下:

V(G) = {A,B,C,D}

E(G) = {(A,B),(A,C),(B,C),(C,D)}

邻接表是图的一种链式存储结构。在邻接表中,对图中每个顶点建立一个单链表,第 i 个单链表中的结点表示依附于顶点 v_i 的边。

✎笔记:

上面无向图的邻接表如图 16-2 所示。

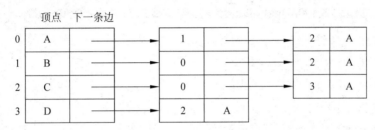

图 16-2　无向图的邻接表

顶点 A 位置在 0 处,B 位置在 1 处,C 位置在 2 处,D 位置在 3 处。顶点 A 与顶点 B、C 相邻,因此上面的第 1 个单链表中,包含 0、1 和 2 三个顶点。同理,顶点 B 与顶点 A、C 相邻,因此在第 2 个单链表中,包含 1、0 和 2 三个顶点。最后一个顶点 D 只与顶点 C 相邻,C 的位置是 2。

16.2　图的 typedef

```
//顶点类型
typedef char VertexType;

//边结点
typedef struct EdgNode
{
    int adjvex;                    //该边所指向的顶点的位置
    struct EdgNode * nextarc;      //指向下一条边的指针
} EdgNode;

//每个链表的头结点
typedef struct VNode
```

```
{
    VertexType data;                    //顶点信息
    EdgNode* firstarc;                  //指向第一条依附该顶点的边的指针
} VNode;

/* 图的邻接表存储表示类型定义 */
typedef struct
{
    VNode vertices[MAX_VERTEX_NUM];     //邻接表
    int vertexNum, edgeNum;             //图的顶点数
} ALGraph;
```

在VS2019中,总体文件结构如图16-3所示。

图16-3　总体文件结构

在图16-3中,可以观察到项目名,在解决方案资源管理器中,可以看到项目的文件组织架构,还可以看到每一个文件属性。左侧具体C文件代码的窗口,左侧下面是错误列表窗口。

16.3　图的操作

【例题】　定义图的顶点类型 VertexType,定义边结点类型 EdgNode,定义每个链表的头结点 VNode,定义图的邻接表存储表示类型 ALGraph。构造一个无向图,让用户输入图的顶点数、图的边数、顶点集、边的集合。要求创建无向图,并输出图的邻接表。输出图的深度优先搜索和广度优先搜索结果。

建立一个项目后,一般要在 VS2019 解决方案资源管理器的项目中新建 5 个文件。新

建头文件包括 ALGraph.h 和 LinkQueue.h，新建源程序文件包括 ALGraph.c、LinkQueue.c 和 ALGraph-main.c 文件。

（1）新建一个 ALGraph.h 头文件，内含函数声明、宏定义、结构体定义等内容。

（2）新建一个链队列 LinkQueue.h 头文件，内含函数声明等。

（3）新建一个 ALGraph.c 程序文件，内含函数实现、变量定义等内容。

（4）LinkQueue.c 文件是链队列的实现。

（5）新建一个 ALGraph-main.c 测试文件，调用 ALGraph.h 声明的函数，再链接 ALGraph.c 实现的函数。该文件包含 main() 函数。

ALGraph.h 源代码如下：

```
1   #ifndef ALGRAPH_H
2   #define ALGRAPH_H
3
4   #include <stdio.h>
5   #include <string.h>
6   #include <stdarg.h>
7   #include <stdlib.h>
8   #include "LinkQueue.h"
9   #define OK      1              //通过
10  #define ERROR   0              //错误
11  #define TRUE    1              //成功
12  #define FALSE   0              //失败
13
14  /* 宏定义 */
15  #define MAX_VERTEX_NUM 26      //最大顶点个数
16
17  //顶点类型
18  typedef char VertexType;
19  typedef int Status;
20
21  /* 边结点 */
22  typedef struct EdgNode
23  {
24      int adjvex;                     //该边所指向的顶点的位置
25      struct EdgNode * nextarc;       //指向下一条边的指针
26  } EdgNode;
27
28  //每个链表的头结点
29  typedef struct VNode
30  {
31      VertexType data;                //顶点信息
32      EdgNode * firstarc;             //指向第一条依附该顶点的边的指针
33  } VNode;
34
```

```c
35  /*图的邻接表存储表示类型定义*/
36  typedef struct
37  {
38      VNode vertices[MAX_VERTEX_NUM];                //邻接表
39      int vertexNum, edgeNum;                        //图的顶点数
40  } ALGraph;
41
42  /*构造无向图*/
43  Status CreateUDG(ALGraph * G);
44
45  /*查找并返回顶点u在图中的位置*/
46  int LocateVex(ALGraph G, VertexType u);
47
48  /*构造一个边*/
49  static EdgNode * newEdgNodePtr(int adjvex, EdgNode * nextarc);
50
51  /*插入边<v, w>*/
52  Status InsertEdge(ALGraph * G, VertexType v, VertexType w, ...);
53
54  /*以图形化形式输出当前结构*/
55  void PrintGraph(ALGraph G);
56
57  /*深度优先遍历(此处借助递归实现)*/
58  void DFSTraverse(ALGraph G, Status(Visit)(VertexType));
59
60  /*深度优先遍历函数*/
61  static void DFS(ALGraph G, int v);
62
63  /*广度优先遍历(此处借助队列实现)*/
64  void BFSTraverse(ALGraph G, Status(Visit)(VertexType));
65
66  /*首个邻接点,返回顶点v的首个邻接点*/
67  int FirstAdjVex(ALGraph G, VertexType v);
68
69  /*下一个邻接点,返回顶点v的(相对于w的)下一个邻接点*/
70  int NextAdjVex(ALGraph G, VertexType v, VertexType w);
71  #endif
```

LinkQueue.h 源代码如下：

```c
1   /*队列的链式存储结构(链队)*/
2   #ifndef LINKQUEUE_H
3   #define LINKQUEUE_H
4
5   #include <stdio.h>
6   #include <stdlib.h>
```

```
7   #define OK           1                      //通过
8   #define ERROR        0                      //错误
9   #define TRUE         1                      //成功
10  #define FALSE        0                      //失败
11  #ifndef OVERFLOW
12  #define OVERFLOW     -2                     //堆栈上溢
13  #endif
14  /*链队元素类型定义*/
15  typedef int LinkQueueElemType;
16  typedef int Status;
17
18  //队列元素结构
19  typedef struct QueueNode
20  {
21      LinkQueueElemType data;
22      struct QueueNode * next;
23  } QueueNode, * QueuePointer;
24
25  //队列结构
26  typedef struct
27  {
28      QueuePointer front;                      //队头指针
29      QueuePointer rear;                       //队尾指针
30  } LinkQueue;                                 //队列的链式存储表示
31
32  /*初始化,队列带有头结点*/
33  Status InitQueue(LinkQueue * Q);
34
35  /*判断是否为空*/
36  Status QueueEmpty(LinkQueue Q);
37
38  /*入队*/
39  Status EnterQueue(LinkQueue * Q, LinkQueueElemType e);
40
41  /*出队,移除队列头部的元素,将其存储到e中*/
42  Status DeleteHeadQueue(LinkQueue * Q, LinkQueueElemType * e);
43  #endif
```

ALGraph.c 源代码如下:

```
1   #include "ALGraph.h"
2   //访问标志数组,记录访问过的顶点
3   static int visited[MAX_VERTEX_NUM];
4
5   //函数变量
6   static Status( * VisitFunc)(VertexType e);
```

```c
7
8   Status CreateUDG(ALGraph * G)
9   {
10      int i, k;
11      int vertexNum, edgeNum;
12      VertexType v1, v2;
13      (*G).vertexNum = (*G).edgeNum = 0;
14      printf("请输入无向图的顶点数:");
15      scanf("%d", &vertexNum);
16      printf("请输入无向图的边数:");
17      scanf("%d", &edgeNum);
18      //录入顶点集
19      printf("请录入 %d 个顶点,不同顶点用空格隔开:", vertexNum);
20      for (i = 0; i < vertexNum; i++)
21      {
22          scanf("%c", &((*G).vertices[i].data));
23          (*G).vertices[i].firstarc = NULL;
24          (*G).vertexNum++;
25      }
26      //输出录入边信息时的提示
27      if (edgeNum != 0)
28      {
29          printf("请为无向图依次录入 %d 条边的信息,顶点用空格隔开:\n", edgeNum);
30      }
31      //录入边的信息
32      for (k = 0; k < edgeNum; k++)
33      {
34          printf("第 %2d 条边:", k + 1);
35          scanf("%c", &v1);
36          scanf("%c", &v2);
37          //插入边<v1, v2>
38          InsertEdge(G, v1, v2);
39      }
40      return OK;
41  }
42
43  /*查找,返回顶点 u 在图中的位置*/
44  int LocateVex(ALGraph G, VertexType u)
45  {
46      ...(此处代码请读者试着编写)
47  }
48  /*构造一个边结点*/
49  static EdgNode * newEdgNodePtr(int adjvex, EdgNode * nextarc)
50  {
        EdgNode * p = (EdgNode *)malloc(sizeof(EdgNode));
```

```c
51      if (!p)
52      {
53          exit(OVERFLOW);
54      }
55      p->adjvex = adjvex;
56      p->nextarc = nextarc;
57      return p;
58  }
59
60  /*插入边<v, w>*/
61  Status InsertEdge(ALGraph * G, VertexType v, VertexType w, ...)
62  {
63      ...(此处代码请读者试着编写)
64  }
65
66  /*以图形化形式输出当前结构*/
67  void PrintGraph(ALGraph G)
68  {
69      int i;
70      EdgNode * p;
71      printf("当前图包含 %2d 个顶点, %2d 条边...\n", G.vertexNum, G.edgeNum);
72      for (i = 0; i < G.vertexNum; i++)
73      {
74          printf("%c ===> ", G.vertices[i].data);
75          p = G.vertices[i].firstarc;
76          while (p != NULL)
77          {
78              printf("%c ", G.vertices[p->adjvex].data);
79              p = p->nextarc;
80              if (p != NULL)
81              {
82                  printf("- ");
83              }
84          }
85          printf("\n");
86      }
87  }
88
89  /*深度优先遍历(此处借助递归实现)*/
90  void DFSTraverse(ALGraph G, Status(Visit)(VertexType))
91  {
92      int v;
93      //使用全局变量VisitFunc,使得DFS不必设置函数指针参数
94      VisitFunc = Visit;
95      //访问标志数组初始化
```

```c
96      for (v = 0; v < G.vertexNum; v++)
97      {
98          visited[v] = FALSE;
99      }
100     //此处需要遍历的原因是并不能保证所有顶点都连接在一起
101     for (v = 0; v < G.vertexNum; v++)
102     {
103         if (!visited[v])
104         {
105             DFS(G, v);                              //对没访问的顶点调用DFS
106         }
107     }
108 }
109
110 /*深度优先遍历函数*/
111 static void DFS(ALGraph G, int v)
112 {
113     ...//此处代码请读者试着编写
114 }
115
116 /*广度优先遍历(此处借助队列实现)*/
117 void BFSTraverse(ALGraph G, Status(Visit)(VertexType))
118 {
119     int v, w;
120     LinkQueue Q;
121     LinkQueueElemType u;
122     //初始化为未访问
123     for (v = 0; v < G.vertexNum; v++)
124     {
125         visited[v] = FALSE;
126     }
127     //置空辅助队列
128     InitQueue(&Q);
129
130     for (v = 0; v < G.vertexNum; v++)
131     {
132         //如果该顶点已被访问过,则直接忽略
133         if (visited[v])
134         {
135             continue;
136         }
137         //标记该顶点已被访问
138         visited[v] = TRUE;
139         //访问顶点
140         Visit(G.vertices[v].data);
```

```
141            EnterQueue(&Q, v);
142            while (!QueueEmpty(Q))
143            {
144                DeleteHeadQueue(&Q, &u);
145                //先集中访问顶点 v 的邻接顶点,随后访问邻接顶点的邻接顶点
146                for (w = FirstAdjVex(G, G.vertices[u].data);
147                    w >= 0;
148                    w = NextAdjVex(G, G.vertices[u].data, G.vertices[w].data))
149                {
150                    if (!visited[w])
151                    {
152                        visited[w] = TRUE;
153                        Visit(G.vertices[w].data);
154                        EnterQueue(&Q, w);
155                    }
156                }
157            }
158        }
159 }
160
161 /*首个邻接点,返回顶点 v 的首个邻接点*/
162 int FirstAdjVex(ALGraph G, VertexType v)
163 {
164     ...//此处代码请读者试着编写
165 }
166
167 /*下一个邻接点,返回顶点 v 的(相对于 w 的)下一个邻接点*/
168 int NextAdjVex(ALGraph G, VertexType v, VertexType w)
169 {
170     ...//此处代码请读者试着编写
171 }
172
```

LinkQueue.c 源代码如下:

```
1  /*队列的链式存储结构(链队)*/
2  #ifndef LINKQUEUE_C
3  #define LINKQUEUE_C
4
5  #include "LinkQueue.h"
6
7  /*初始化,队列带有头结点*/
8  Status InitQueue(LinkQueue* Q)
9  {
10     if (Q == NULL)
11     {
```

```
12          return ERROR;
13      }
14      (*Q).front = (*Q).rear = (QueuePointer)malloc(sizeof(QueueNode));
15      if (!(*Q).front)
16      {
17          exit(OVERFLOW);
18      }
19      (*Q).front->next = NULL;
20      return OK;
21  }
22
23  /*判断是否为空*/
24  Status QueueEmpty(LinkQueue Q)
25  {
26      if (Q.front == Q.rear)
27      {
28          return TRUE;
29      }
30      else
31      {
32          return FALSE;
33      }
34  }
35
36  /*入队并将元素e添加到队列尾部*/
37  Status EnterQueue(LinkQueue * Q, LinkQueueElemType e)
38  {
39      QueuePointer p;
40      if (Q == NULL || (*Q).front == NULL)
41      {
42          return ERROR;
43      }
44      p = (QueuePointer)malloc(sizeof(QueueNode));
45      if (!p)
46      {
47          exit(OVERFLOW);
48      }
49      p->data = e;
50      p->next = NULL;
51      (*Q).rear->next = p;
52      (*Q).rear = p;
53      return OK;
54  }
55
56  /*出队,移除队列头部的元素,将其存储到e中*/
```

```
57  Status DeleteHeadQueue(LinkQueue * Q, LinkQueueElemType * e)
58  {
59      QueuePointer p;
60      if (Q == NULL || (*Q).front == NULL || (*Q).front == (*Q).rear)
61      {
62          return ERROR;
63      }
64      p = (*Q).front->next;
65      *e = p->data;
66      (*Q).front->next = p->next;
67      if ((*Q).rear == p)
68      {
69          (*Q).rear = (*Q).front;
70      }
71      free(p);
72      return OK;
73  }
74  #endif
```

邻接表存储的图需要释放内存,销毁图的DestroyGraph()函数代码如下:

```
Status DestroyGraph(ALGraph * G) {
    int k;
    EdgNode * pre, * r;
    for (k = 0; k < G->vertexNum; k++) {
        r = G->vertices[k].firstarc;
        while (r != NULL) {
            pre = r;
            r = r->nextarc;
            free(pre);
        }
        G->vertices[k].firstarc = NULL;
    }
    (*G).vertexNum = 0;
    (*G).edgeNum = 0;
    IncInfo = 0;
    return OK;
}
```

当然,如果没有函数DestroyGraph(),程序也能够正常运行。
ALGraph-main.c 源代码如下:

```
1   #include <stdio.h>
2   #include "ALGraph.h"
3
4   //测试函数,打印元素
5   Status PrintElem(VertexType c)
```

```
6   {
7       printf("%c ", c);
8       return OK;
9   }
10
11  int main()
12  {
13      ALGraph G;
14      printf("创建图...\n");
15      CreateUDG(&G);
16      printf("输出图的邻接表... \n");
17      PrintGraph(G);
18      printf("输出顶点的位置 \n");
19      VertexType u = 'A';
20      printf("顶点 '%c' 的位置为 %d\n", u, LocateVex(G, u));
21      DFSTraverse(G, PrintElem);
22      printf("\n");
23      printf("广度优先遍历图...\n");
24      BFSTraverse(G, PrintElem);
25      printf("\n");
26  }
```

运行时,输入如下内容:

8
8
A␣B␣C␣D␣E␣F␣G␣H
A␣B
A␣C
B␣D
B␣E
D␣H
E␣H
C␣F
C␣G

上面输入内容的含义如下。
(1) 顶点数:8。
(2) 边数:8。
(3) 顶点集:【A,B,C,D,E,F,G,H】。
(4) 边的集合:【A,B】【A,C】【B,D】【B,E】【E,H】【D,H】【C,F】【C,G】。
这些内容表示的是无向图,如图16-4 所示。
深度优先搜索:ABDHECFG;广度优先搜索:ABCDEFGH。
程序的运行结果如图16-5 所示。

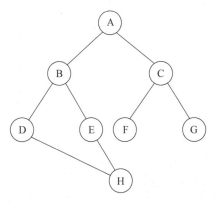

图 16-4　无向图

图 16-5　ALGraph-main.c 程序运行结果

习　　题

程序设计题

(1) 编写一个程序,创建如图 16-6 所示的无向图。

(2) 编写一个程序,输出图 16-6 的链接表。

(3) 编写一个程序,输出图 16-6 的深度优先遍历序列。

(4) 编写一个程序,输出图 16-6 的广度优先遍历序列。

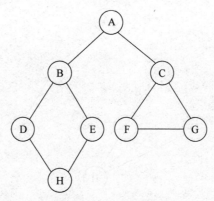

图 16-6　无向图

笔记：

第 17 章 折 半 查 找

学习目标
- 了解折半查找算法的思想。
- 掌握折半查找的 C 语言实现操作。
- 理解折半查找的时间复杂度和空间复杂度。

技能基础

本章首先介绍折半查找算法的思想;接着举例说明折半查找的实 C 语言现操作;最后从时间复杂度、空间复杂度讲解折半查找的性能。"友谊使欢喜倍增,使苦楚折半"。

查找就是根据给定的某个值,在查找表中确定一个其关键字等于给定值的数据元素。查找表是由同一类型的数据元素构成的集合;关键字是数据元素中某个数据项的值,又称键值,主键可以唯一地标识某个数据元素或记录的关键字。查找可以分为顺序查找、折半查找(二分查找)、分块查找、哈希查找等。本章重点介绍折半查找。

17.1 折半查找概述

折半查找(binary search)在使用折半查找算法查找数据之前,需要首先对该表中的数据按照所查的关键字进行排序。先确定待查记录所在的范围,然后逐步缩小范围,直到找到或找不到该记录为止。相比于顺序查找时间复杂度为 $O(n)$,使用折半查找算法的效率更高,查询速度较快,时间复杂度为 $O(\log_2 n)$。

静态查找表是指在查找时,只查找内容或者查找某个元素的属性,不进行插入和删除操作。

比如,在{5,21,13,19,37,75,56,64,88,80,92}这个查找表中使用折半查找算法查找数据之前,需要首先对该表中的数据按照所查的关键字进行排序,比如按递增排序,结果为{5,13,19,21,37,56,64,75,80,88,92}。

折半查找算法的思想是:设定查找范围的下限为 low,上限为 high,由此确定查找范围的中间位置 mid=(low+high)/2。中间位置的值如果等于待查的值,查找成功;中间位置的值小于待查的值,low=mid+1;中间位置的值大于待查的值,high=mid-1;直到 low>high,查找失败。

比如,对静态查找表{5,13,19,21,37,56,64,75,80,88,92}采用折半查找算法查找关键字为 21 的过程如下:

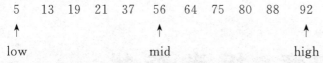

其中,指针 low 和 high 分别指向查找表的第一个关键字和最后一个关键字,指针 mid 指向处于 low 和 high 指针中间位置的关键字。在查找的过程中每次都同 mid 指向的关键字进行比较,由于整个表中的数据是有序的,因此在比较之后就可以知道要查找的关键字的大致所在区间。

比如,在查找关键字 21 时,首先同 56 做比较,由于 21＜56,而且这个查找表是按照升序进行排序的,所以可以判定如果静态查找表中有 21 这个关键字,就一定存在于 low 和 mid 的区域中间。

因此,再次遍历时需要更新 high 指针和 mid 指针的位置,令 high 指针移动到 mid 指针的左侧一个位置上,同时令 mid 重新指向 low 指针和 high 指针的中间位置。

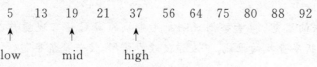

同样,用 21 同 mid 指针指向的 19 做比较,19＜21,所以可以判定 21 如果存在,肯定处于 mid 和 high 的区域中。所以令 low 指向 mid 右侧一个位置上,同时更新 mid 的位置。

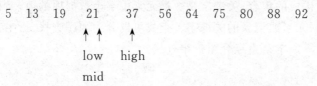

当第三次做判断时,发现 mid 就是关键字 21,查找结束。

如果求得 mid 的位置不是整数,需要统一做取整操作,即在 C 语言程序中使用 mid＝(low＋high)/2,整除符号"/"就表示做了取整操作。

17.2　折半查找的实现

【例题】　从键盘上输入有序表：5 13 19 21 37 56 64 75 80 88 92,这 11 个数字用空格隔开;再输入查找数据的关键字 21,请用折半查找法输出待查找的关键字的位置序号。数字 5 的序号是 1,数字 13 的序号是 2,以此类推。

```
1    #include <stdio.h>
2    #include <stdlib.h>
3    #define keyType int
4    typedef struct
5    {
6        keyType key;                    //数据元素的值
7    }ElemType;
8    typedef struct
```

```c
9  {
10      ElemType * elem;                //存放查找表中数据元素的数组
11      int length;                     //记录查找表中数据的总量
12 }SSTable;
13 //创建查找表
14 void Create(SSTable * st, int length)
15 {
16     st->length = length;
17     st->elem = (ElemType *)malloc((length + 1) * sizeof(ElemType));
18     printf("输入表中的数据元素:\n");
19     //根据查找表中数据元素的总长度,在存储时,从数组下标为 1 的空间开始存储数据
20     for (int i = 1; i <= length; i++)
21     {
22         scanf("%d", &(st->elem[i].key));
23     }
24 }
25 //折半查找算法
26 int Search_Bin(SSTable * ST, keyType key)
27 {
28     int low = 1;                    //初始状态 low 指针指向第一个关键字
29     int high = ST->length;          //high 指向最后一个关键字
30     int mid;
31     while (low <= high)
32     {
33         mid = (low + high) / 2;     //int 本身为整形,所以 mid 每次为取整的整数
34         if (ST->elem[mid].key == key)
                                        //如果 mid 指向与查找的相等,返回 mid 指向的位置
35         {
36             return mid;
37         }
38         else if (ST->elem[mid].key > key)
                                        //如果 mid 指向的关键字较大,则更新 high 指针的位置
39         {
40             high = mid - 1;
41         }
42         else                        //反之,则更新 low 指针的位置
43         {
44             low = mid + 1;
45         }
46     }
47     return 0;
48 }
49 int main()
50 {
51     SSTable * st = NULL;
```

```
52      st = (SSTable *)malloc(sizeof(SSTable));
53      Create(st, 11);
54      printf("请输入查找数据的关键字:\n");
55      int key;
56      scanf("%d", &key);
57      int location = Search_Bin(st, key);
58      if (location == 0)              //如果返回值为 0,则证明查找表中未查到 key 值
59      {
60          printf("查找表中无该元素");
61      }
62      else
63      {
64          printf("数据在查找表中的位置为:%d", location);
65      }
66      return 0;
67  }
```

第 14 行代码,传入的是静态查找表类型的指针 st。

第 51 行代码,SSTable * st 表示定义一个静态查找表(static search table)类型的指针 st。

第 53 行代码,调用 Create 函数创建静态查找表。Create 函数定义请参考第 14 行开始代码。

第 57 行代码,调用 Search_Bin 函数折半查找表,并返回关键字所在的序号位置。Search_Bin 函数声明是 int Search_Bin(SSTable * ST,keyType key)。

程序的运行结果如图 17-1 所示。

图 17-1　例题 17-1 程序的运行结果

提示:在申请空间后,程序结束前应手动释放内存空间。

✎笔记:

17.3　折半查找的性能分析

衡量一个算法主要从时间复杂度、空间复杂度和其他性能等方面考虑。对于查找算法,通常只需要一个或几个辅助空间,大多数时间花在比较上。平均查找长度定义为 ASL (average search length),在查找表中各个关键字被查找概率相同的情况下,顺序查找在查找成功时的平均查找长度为"ASL=(n+1)/2",而折半查找在查找成功时的平均查找长度为 $ASL=\log_2(n+1)-1$。

习　　题

程序设计题

(1) 编写一个程序,有 n 个数($n<20$),已按从小到大顺序存放在一个数组中。输入一个数,要求用折半查找法找出该数是数组中的第几个元素的值。如果不在数组中,则输出 0。编写两个函数 input() 和 binSearch(),分别实现数组数据的输入和元素的查找。

输入:

```
8                              //表示 8 个数字
12  15  20  30  35  50  70  85  //数组元素的值
35                             //表示要查找的元素是 35
```

输出:

```
5
```

(2) 编写一个折半查找程序,分析每次比较的元素,查找成功或查找不成功时,记录最后的索引位置。

(3) 举例说明在猜一个 1～100 的一个随机数时折半查找的应用。

✎笔记:

第 18 章 排　　序

学习目标
- 了解排序的概念。
- 掌握直接插入排序的思想和 C 语言实现。
- 掌握冒泡排序的思想和 C 语言实现。
- 掌握快速排序的思想和 C 语言实现。
- 掌握简单选择排序的思想和 C 语言实现。
- 各种排序的时间复杂度和稳定性。

技能基础

本章首先介绍排序的概念；然后介绍最简单的排序方法——直接插入排序法；接着介绍冒泡排序的思想和 C 语言实现；最后介绍快速排序和简单选择排序的思想和 C 语言实现，同时对比分析各种排序的时间复杂度和稳定性。数据结构 C 语言的实现是精通 C 的必由之路，"志不求易者成，事不避难者进"。

排序是程序设计中常做的操作，比如常用的冒泡排序算法，还有很多效率更高的排序算法，比如希尔排序、快速排序、基数排序、归并排序等。不同的排序算法适用于不同的场景，在时间性能、算法稳定性等方面也有差异。

排序算法可分为内部排序算法和外部排序算法。内部排序算法在内存中完成排序，而外部排序算法则需要借助外部存储器。

18.1　直接插入排序

直接插入排序（straight insertion sort）是一种最简单的排序方法。其基本思想是将一个记录插入到已排好序的有序表中，从而得到一个新的有序表。

比如，已知排好序的有序表$\{1,3,6,8,10\}$，现在要将$\{2,5\}$两个记录插入有序表中，第 1 趟先插入数字 2，有序表为$\{1,2,3,6,8,10\}$；第 2 趟再将数字 5 插入，最后得到的有序表为$\{1,2,3,5,6,8,10\}$。

一般情况下，第 i 趟直接插入排序的操作为：在含有 $i-1$ 个记录的有序子序列 $r[1...i-1]$ 中插入一个记录 $r[i]$ 后，变成含有 i 个记录的有序子序列 $r[1...i]$；并且在 $r[0]$ 处设置监视哨，在从 $i-1$ 向前搜索过程中，记录同时后移。先将第 1 个记录看作一个有序的子序列，然后从第 2 个记录起，逐个进行插入，直到整个序列成为有序表。

下面通过实例说明直接插入排序的实现方法。

【例题 18-1】 对数组中的 10 个元素，按直接插入排序法排序。

```
1   #include <stdio.h>
2   void straight_insert_sort(int arr[], int n);
3   int main()
4   {
5       int array[] = { 9,5,1,3,4,7,8,6,2,0 };
6       int n = 10;
7       straight_insert_sort(array, n);
8       for (int i = 0; i < n; i++)
9       {
10          printf("%-4d", array[i]);
11      }
12      return 0;
13  }
14  void straight_insert_sort(int arr[], int n)
15  {
16      int temp, i, j;
17      for (i = 1; i <n; i++)
18      {
19          if (arr[i]<arr[i-1])                    //将待排序的 arr[i]插入到有序子表
20          {
21              temp = arr[i];                      //复制为哨兵
22              for (j = i-1; arr[j]>temp; j--)
23              {
24                  arr[j+1] = arr[j];              //记录后移
25              }
26              arr[j + 1] = temp;                  //插入正确位置
27          }
28      }
29  }
```

程序的运行结果如下：

0   1   2   3   4   5   6   7   8   9

提示：一般地，待排序的元素越接近有序，直接插入排序算法的时间效率越高。最优情况下，时间效率为 $O(n)$；最差情况下，时间复杂度为 $O(n^2)$。空间复杂度为 $O(1)$ 是一种稳定的排序算法。

18.2 冒泡排序

冒泡排序（bubble sort）是一种典型的交换排序，首先将第 1 个记录与第 2 记录比较，若为逆序，即第 1 个记录大于第 2 记录，则交换；然后比较第 2 个和第 3 个记录；依次类推，直

到第 $n-1$ 个记录和第 n 个记录比较完毕,第一趟排序完成,其结果使最大的记录被安置在最后一个位置上。再进行第二趟排序,对前 $n-1$ 个记录进行同样的操作,又得到一个最大的记录,安置在第 $n-1$ 个位置上。依次类推,直到整个序列有序。

【例题 18-2】 有一组关键字[35,50,15,30,85,12,20,70],这里 $n=8$。请用冒泡排序方法,将这组记录由小到大排序。

第一趟:[35,15,30,50,12,20,70],85
第二趟:[15,30,35,12,20,50],70,85
第三趟:[15,30,12,20,35],50,70,85
第四趟:[15,12,20,30],35,50,70,85
第五趟:[12,15,20],30,35,50,70,85
第六趟:[12,15],20,30,35,50,70,85
第七趟:12,15,20,30,35,50,70,85

冒泡排序的实现参考以下代码。

```
1    #include <stdio.h>
2    #define LEN 8
3    void bubble_sort(int arr[], int num);
4    int main()
5    {
6        int array[] = { 35,50,15,30,85,12,20,70 };
7        for (int i = 0; i < LEN; i++)
8        {
9            printf("%-4d", array[i]);
10       }
11       printf("\n------------------------------\n");
12       bubble_sort(array, LEN);
13       for (int i = 0; i < LEN; i++)
14       {
15           printf("%-4d", array[i]);
16       }
17       return 0;
18   }
19   void bubble_sort(int arr[], int len)
20   {
21       int temp;
22       for (int i = 0; i < len - 1; i++)  //外循环为排序趟数,len 个数进行 len-1 趟
23           for (int j = 0; j < len - 1 - i; j++)
24           {//内循环为每趟比较的次数,第 i 趟比较 len-i 次,len-1-i 可以理解为经过 i 趟
                比较,拿下的数就减少 i 个
25               if (arr[j] > arr[j + 1])
26               {//相邻元素比较,若逆序则交换(升序时左大于右则交换,降序反之)
27                   temp = arr[j];
28                   arr[j] = arr[j + 1];
29                   arr[j + 1] = temp;
```

```
30          }
31        }
32 }
```

程序的运行结果如下：

```
35  50  15  30  85  12  20  70
----------------------------------------------
12  15  20  30  35  50  70  85
```

上面的冒泡每次排序都要将每个数字遍历 n 次。有这么一种情况，数组本身就近于有序，本来可以冒泡一次就可以排好序，原始冒泡要求需要冒泡 n 次。改进冒泡原理如下：可以用一个 flag 记录交换的过程，若有交换动作，就认为排序没有结束；若没有交换动作，则认为数组有序，不需要交换，直接退出循环。冒泡排序的改进，在一次冒泡的过程中，如果没有发生交换，则已经有序。添加一个标志"int flag;"，每次冒泡前，也就是第二重循环 for 之前，将 flag=0；如果有交换，则 flag=1；代码放在第 29 行交换的代码之后。第 31 行代码之后，添加如下代码：

```
if(flag==0)
    break;
```

表示在一次冒泡之后，flag 依然是 0，表示没有交换，则排序结束。改进后的冒泡排序代码如下：

```c
void bubble_sort(int arr[], int len)
{
    int temp,flag;
    for (int i = 0; i < len - 1; i++)
    {
        flag = 0;
        for (int j = 0; j < len - 1 - i; j++)
        {
            if (arr[j] > arr[j + 1])
            {
                temp = arr[j];
                arr[j] = arr[j + 1];
                arr[j + 1] = temp;
                flag = 1;
            }
        }
        if (flag == 0)
            break;
    }
}
```

提示：冒泡排序的时间复杂度为 $O(n^2)$。当原文件关键字有序时，冒泡排序时间复杂度是 $O(n)$。空间复杂度为 $O(1)$ 时冒泡排序是稳定的。

18.3 快速排序

快速排序(quick sort)是一种对冒泡排序的改进。是将一组关键字$[k_1,k_2,k_3,\cdots,k_n]$进行分区交换排序。通过一趟排序将待排序的记录分割成独立的两部分,其中一部分记录的关键字均比另一部分的关键字小。再分别对这两部分继续进行分区交换排序,以达到整个序列有序排列。

【例题 18-3】 有一组关键字$[35,50,15,30,85,12,20,70]$,这里$n=8$。请用快速排序方法将这组记录进行由小到大排序。

分析:快速排序的第一趟排序过程,用 i 和 j 分别标识第 1 个元素和最后一个元素,如图 18-1 所示。

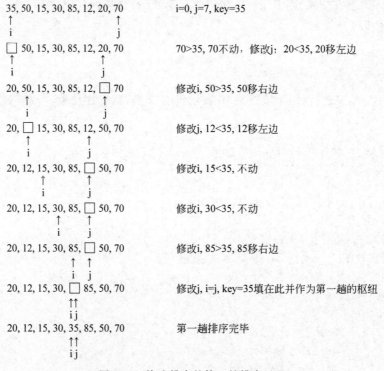

图 18-1 快速排序的第一趟排序过程

图 18-1 是快速排序的第一趟结果,然后分别对左边区间$[20,12,15,30]$进行快速排序,对右边区间$[85,50,70]$进行快速排序。

第一趟:$[20,12,15,30],35,[85,50,70]$

第二趟:$[15,12],20,[30],35,[85,50,70]$

第三趟:$12,15,20,[30],35,[85,50,70]$

第四趟:$12,15,20,30,35,[85,50,70]$

第五趟:$12,15,20,30,35,[70,50],85$

第六趟：12,15,20,30,35,50,70,85

快速排序的实现代码如下：

```
1   #include <stdio.h>
2   void quick_sort(int arr[], int left, int right);
3   int main()
4   {
5       int array[] = { 35,50,15,30,85,12,20,70 };
6       int i;
7       for (i = 0; i < 8; i++)
8       {
9
10          printf("%-4d", array[i]);
11      }
12      printf("\n-----------------------------\n");
13      quick_sort(array, 0, 7);
14      for (i = 0; i < 8; i++)
15      {
16          printf("%-4d", array[i]);
17      }
18      return 0;
19  }
20  void quick_sort(int arr[], int left, int right)
21  {
22      if (left >= right)              //如果左索引大于或等于右索引,则已经整理完成一组了
23          return;
24      int i = left, j = right;
25      int key = arr[left];            //把左边第一个索引当作枢纽 key
26      while (i < j)                   //i>=j,则已经整理完成一组了
27      {
28          while (i < j && arr[j] > key) //右半区中找到第一个小于 key 数,按升序
29          {
30              j--;                    //如果比 key 大,则继续往前找
31          }
32          if (i < j)
33              arr[i++] = arr[j];      //放到左半区位置 i 处,i++
34          while (i < j && arr[i] < key) //左半区,找到第一个大于 key 的数
35          {
36              i++;                    //如果比 key 小,则继续往后找
37          }
38          if (i < j)
39              arr[j--] = arr[i];      //放到右半区位置 j 处,j--
40      }
41      arr[i] = key;                   //一趟排序结束,分成两个部分,中间数 key 回归
42      quick_sort(arr, left, i - 1);   //递归排序左区间
```

```
43        quick_sort(arr, i + 1, right);   //递归排序右区间
44    }
```

程序的运行结果如下：

```
35  50  15  30  85  12  20  70
------------------------------------------------
12  15  20  30  35  50  70  85
```

上述的快速排序减少了比较次数，指针移动比较快。除了上面的快速排序，还有其他的快速排序方法。

```
void quick_sort2(int arr[], int left, int right)
{
    if (left >= right)
        return;
    int i = left, j = right;
    int pivot = arr[left];
    while (i < j)
    {
        while (i < j && arr[j] > pivot)
        {
            j--;
        }
        arr[i] = arr[j];
        while (i < j && arr[i] < pivot)
        {
            i++;
        }
        arr[j] = arr[i];
    }
    arr[i] = pivot;
    quick_sort2(arr, left, i - 1);
    quick_sort2(arr, i + 1, right);
}
```

这种 quick_sort2 的排序方法有相对比较复杂的比较。与 quick_sort 的排序方法比较，其效率要低一些。

下面是只有一个循环的快速排序方法：

```
void quick_sort3(int arr[], int left, int right)
{
    if (left >= right)
        return;
    int index = left;
    int pivot = arr[left];
    for (int i = left + 1; i <= right; i++)
```

```
        {
            if (arr[i] < pivot)
            {
                ++index;
                swap(arr, i, index);
            }
        }
        swap(arr, left, index);
        quick_sort2(arr, left, index - 1);
        quick_sort2(arr, index + 1, right);
}

void swap(int array[], int i, int j)
{
    int temp = array[i];
    array[i] = array[j];
    array[j] = temp;
}
```

这种 quick_sort3 的排序方法,有相对比较复杂的交换,代码量少了一些,但是并不是最优的快速排序算法。从理解和性能方面来考虑,建设选用例题中的 quick_sort 排序方法。

提示:快速排序的时间复杂度为 $O(n\log_2 n)$,在同数量级的排序方法中平均性能最好。当原文件关键字的有序时,快速排序的时间复杂度为 $O(n^2)$,而这时冒泡排序是 $O(n)$。快速排序是不稳定的。

18.4 简单选择排序

简单选择排序(simple selection sort)是将一组关键字进行选择排序。通过 $n-i$ 次关键字间的比较,从 $n-i+1$ 个记录中选出关键字最小的记录,并和第 i 记录交换之。一直达到整个序列有序。

【例题 18-4】 有一组关键字[35,50,15,30,85,12,20,70],这里 $n=8$。请用简单选择排序方法,将这组记录由小到大排序。

第一趟:12,[50,15,30,85,35,20,70]
第二趟:12,15,[50,30,85,35,20,70]
第三趟:12,15,20,[30,85,35,50,70]
第四趟:12,15,20,30,[85,35,50,70]
第五趟:12,15,20,30,35,[85,50,70]
第六趟:12,15,20,30,35,50,[85,70]
第七趟:12,15,20,30,35,50,70,85

简单选择排序的实现代码如下。

```c
1   #include <stdio.h>
2   #define LEN 8
3   void simple_selection_sort(int arr[], int num);
4   int main()
5   {
6       int array[] = { 35,50,15,30,85,12,20,70 };
7       for (int i = 0; i < LEN; i++)
8       {
9           printf("%-4d", array[i]);
10      }
11      printf("\n------------------------------\n");
12      simple_selection_sort(array, LEN);
13      for (int i = 0; i < LEN; i++)
14      {
15          printf("%-4d", array[i]);
16      }
17      return 0;
18  }
19  void simple_selection_sort(int arr[], int len)
20  {
21      for (int i = 0; i < len; i++)
22      {
23          int t = i;                    //岗哨(默认这一趟的第1个元素是最小值
24          for (int j=i+1; j < len; j++)
25          {
26              if(arr[t]>arr[j])
27                  t=j;                  //找到最小数值的位置
28          }
29          int temp = arr[i];            //与第i个元素交换
30          arr[i] = arr[t];
31          arr[t] = temp;
32      }
33  }
```

程序的运行结果是：

35 50 15 30 85 12 20 70
----
12 15 20 30 35 50 70 85

提示：简单选择排序的时间复杂度为 $O(n^2)$。此排序的最大特点就是交换移动数据次数相当少，节约了相应的时间。无论最好还是最坏情况，其比较次数都是一样多，共需要比较 $(n-1)+(n-2)+\cdots+2+1=n\times(n-1)/2$ 次。对交换次数而言，当最好的时候，交换0次；最差时，交换 $n-1$ 次。基于最终的排序时间是比较和交换次数总和，因此总的时间复杂度依然为 $O(n^2)$，性能优于冒泡排序。简单选择排序是不稳定的。

习　　题

1. 上机题

（1）按照下面的函数，修改例题的直接插入排序。编写程序并写出运行结果。

```
void straight_insert_sort(int arr[], int n)
{
    int i, j;
    int temp;
    for ( i = 1; i < n; i++)
    {
        temp = arr[i];                //第1个记录arr[0]有序,临时保存待排序的数据
        j = i - 1;
        while (j>=0&&arr[j]>temp)
        {
            arr[j + 1] = arr[j];      //依次后移
            j--;
        }
        arr[j + 1] = temp;            //插在arr[j]的后面
    }
}
```

（2）修改例题的直接插入排序，数组元素改为随机生成。

```
#include <time.h>
int array[10];
srand((unsigned)time(NULL));
int i;
for ( i = 0; i < 10; i++)
{
    array[i] = rand() % 100;
    printf("%-4d", array[i]);
}
printf("\n----------------------------------------\n");
```

2. 程序设计题

（1）编写程序，有一组关键字[35,50,15,30,85,12,20,70]，这里 $n=8$。请用直接插入排序方法，将这组记录由小到大排序。要求输出排序前和排序后关键字的序列。

（2）编写程序，有一组关键字[35,50,15,30,85,12,20,70]，这里 $n=8$。请用直接插入排序方法，将这组记录由小到大排序。要求输出每一趟直接插入排序结果。

（3）编写程序，有一组关键字[35,50,15,30,85,12,20,70]，这里 $n=8$。请用冒泡排序

方法,将这组记录由小到大排序,要求输出每一趟冒泡排序结果。

(4) 编写程序,有一组关键字[35,50,15,30,85,12,20,70],这里 $n=8$。请用快速排序方法,将这组记录由小到大排序,要求输出每一趟快速排序结果。

(5) 编写程序,有一组关键字[35,50,15,30,85,12,20,70],这里 $n=8$。请用直接选择排序方法,将这组记录由小到大排序,要求输出每一趟直接选择排序结果。

(6) 一个班级有 45 个人,以 score 数组存放一门课程的成绩。请编写程序,将成绩由低到高排序输出,并输出所有高于平均分数的成绩。

✎笔记:
___
___
___
___

附录 A　C 语言中的关键字

auto	break	case	char	const	continue	default	do	double
else	enum	extern	float	for	goto	if	inline	int
long	register	restrict	return	short	signed	sizeof	static	struct
switch	typedef	union	unsigned	void	volatile	while	_Bool	_Complex
_Imaginary

提示：1999 年 ISO 推出了 C99 标准，在原有 32 个基础上，该标准新增了 5 个 C 语言关键字，参见上面有阴影的关键字。

下面说明这些关键字的作用。

auto：声明自动变量。
break：跳出当前循环。
case：开关语句分支。
char：声明字符型变量或函数。
const：声明只读变量。
continue：结束当前循环，开始下一轮循环。
default：开关语句中的"其他"分支。
do：循环语句的循环体。
double：声明双精度变量或函数。
else：条件语句否定分支。
enum：声明枚举类型。
extern：声明变量是在其他文件正声明。
float：声明浮点型变量或函数。
for：循环当中的一种语句。
goto：无条件跳语句。
if：条件语句。
int：声明整型变量或函数。
long：声明长整型变量或函数。
register：声明寄存器变量。
return：子程序返回语句。
short：声明短整型变量或函数。
signed：有符号类型变量或函数。
sizeof：计算数据类型长度。

static：声明表态变量。
struct：声明结构体变量或函数。
switch：用于开关语句。
typedef：用以给数据类型取别名。
union：声明联合数据类型。
unsigned：声明无符号类型变量或函数。
void：声明函数无返回值或无参数，声明无类型指针。
volatile：说明变量在程序执行中可被隐含地改变。
while：循环语句的循环条件。

附录 B 常用字符与 ASCII 码对照表

ASCII 值	控制字符	ASCII 值	控制字符	ASCII 值	控制字符	ASCII 值	控制字符
0	NUL	32	(space)	64	@	96	`
1	SOH	33	!	65	A	97	a
2	STX	34	"	66	B	98	b
3	ETX	35	#	67	C	99	c
4	EOT	36	$	68	D	100	d
5	ENQ	37	%	69	E	101	e
6	ACK	38	&	70	F	102	f
7	BEL	39	'	71	G	103	g
8	BS	40	(	72	H	104	h
9	HT	41	)	73	I	105	i
10	LF	42	*	74	J	106	j
11	VT	43	+	75	K	107	k
12	FF	44	,	76	L	108	l
13	CR	45	-	77	M	109	m
14	SO	46	.	78	N	110	n
15	SI	47	/	79	O	111	o
16	DLE	48	0	80	P	112	p
17	DC1	49	1	81	Q	113	q
18	DC2	50	2	82	R	114	r
19	DC3	51	3	83	S	115	s
20	DC4	52	4	84	T	116	t
21	NAK	53	5	85	U	117	u
22	SYN	54	6	86	V	118	v
23	ETB	55	7	87	W	119	w
24	CAN	56	8	88	X	120	x
25	EM	57	9	89	Y	121	y
26	SUB	58	:	90	Z	122	z
27	ESC	59	;	91	[	123	{
28	FS	60	<	92	\	124	|
29	GS	61	=	93	]	125	}
30	RS	62	>	94	^	126	~
31	US	63	?	95	_	127	DEL

附录 C 运算符和结合性

优先级	运算符	名称或含义	使用形式	结合方向	说明
1	[]	数组下标	数组名[常量表达式]	左到右	优先级最高
	()	圆括号	(表达式)/函数名(形参表)		
	.	成员选择(对象)	对象.成员名		
	->	成员选择(指针)	对象指针->成员名		
2	-	负号运算符	-表达式	右到左	单目运算符
	~	按位取反运算符	~表达式		
	++	自增运算符	++变量名/变量名++		
	--	自减运算符	--变量名/变量名--		
	*	取值运算符	*指针变量		
	&	取地址运算符	& 变量名		
	!	逻辑非运算符	! 表达式		
	(类型)	强制类型转换	(数据类型)表达式		
	sizeof	长度运算符	sizeof(表达式)		
3	/	除	表达式/表达式	左到右	双目运算符
	*	乘	表达式*表达式		
	%	余数(取模)	整型表达式%整型表达式		
4	+	加	表达式+表达式	左到右	双目运算符
	-	减	表达式-表达式		
5	<<	左移	变量<<表达式	左到右	双目运算符
	>>	右移	变量>>表达式		
6	>	大于	表达式>表达式	左到右	双目运算符
	>=	大于等于	表达式>=表达式		
	<	小于	表达式<表达式		
	<=	小于等于	表达式<=表达式		
7	==	等于	表达式==表达式	左到右	双目运算符
	!=	不等于	表达式!= 表达式		
8	&	按位与	表达式& 表达式	左到右	双目运算符
9	^	按位异或	表达式^表达式	左到右	双目运算符
10	|	按位或	表达式|表达式	左到右	双目运算符
11	&&	逻辑与	表达式&& 表达式	左到右	双目运算符
12	||	逻辑或	表达式||表达式	左到右	双目运算符

续表

优先级	运算符	名称或含义	使用形式	结合方向	说明
13	?:	条件运算符	表达式1?表达式2:表达式3	右到左	三目运算符
14	=	赋值运算符	变量=表达式	右到左	
	/=	除后赋值	变量/=表达式		
	*=	乘后赋值	变量*=表达式		
	%=	取模后赋值	变量%=表达式		
	+=	加后赋值	变量+=表达式		
	-=	减后赋值	变量-=表达式		
	<<=	左移后赋值	变量<<=表达式		
	>>=	右移后赋值	变量>>=表达式		
	&=	按位与后赋值	变量&=表达式		
	^=	按位异或后赋值	变量^=表达式		
	|=	按位或后赋值	变量|=表达式		
15	,	逗号运算符	表达式,表达式,…	左到右	优先级最低

参 考 文 献

[1] 史蒂芬·普拉达.C Primer Plus 中文版[M].姜佑,译.6 版.北京:人民邮电出版社,2019.
[2] 谭浩强.C 程序设计[M].5 版.北京:清华大学出版社,2017.
[3] 谭浩强.C 程序设计学习辅导[M].5 版.北京:清华大学出版社,2017.
[4] 谭浩强,金莹.C 语言程序设计教程[M].北京:清华大学出版社,2020.
[5] 谭浩强,金莹.C 语言程序设计教程学习辅导[M].北京:清华大学出版社,2020.
[6] 杨娟,谢先伟.C 语言程序设计[M].北京:清华大学出版社,2015.
[7] 谭雪松,卢秋根,陈虎敏,等.C 语言程序设计[M].3 版.北京:人民邮电出版社,2011.
[8] 杨章伟,等.21 天学通 C 语言[M].2 版.北京:电子工业出版社,2011.
[9] 严蔚敏,吴伟民.数据结构(C 语言版)[M].北京:清华大学出版社,2018.